Renate Sültz & Uwe Heinz Sültz Jr.

# 50 Jahre/Years AMI ILIXCO GRUEN TELETIME COX MEISTER ANKER LCD Uhren

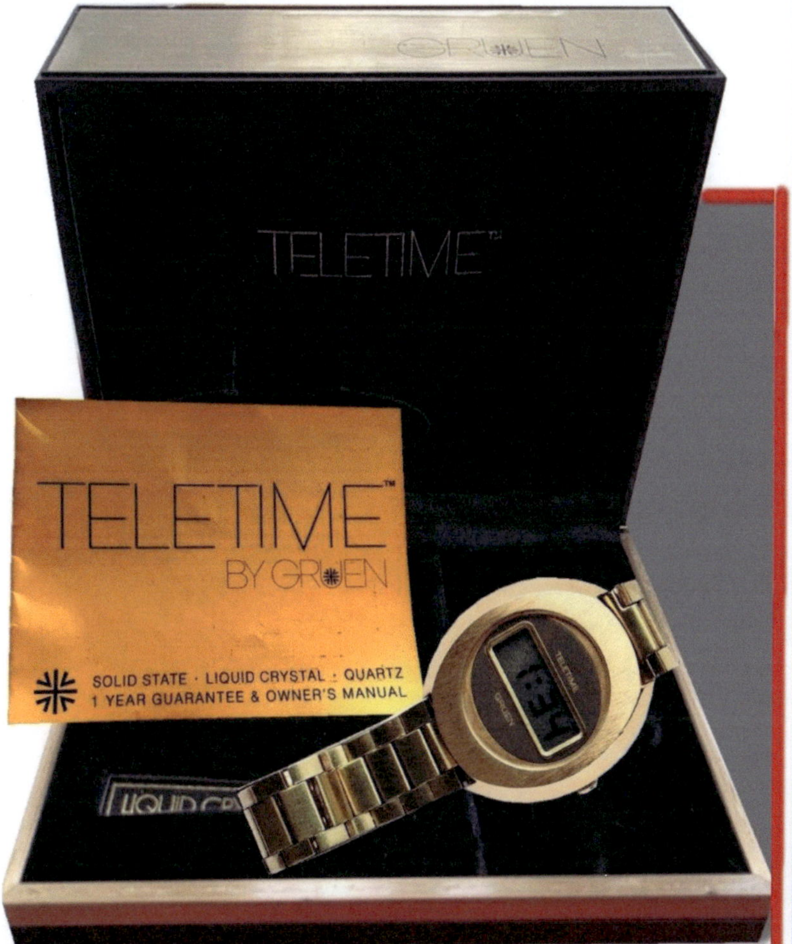

**Bibliografische Information durch die Deutsche Nationalbibliothek**
Die Deutsche Nationalbibliothek verzeichnet diese Publikation in der
Deutschen Nationalbibliografie; detaillierte bibliografische Daten
sind im Internet über http://dnb.dnb.de abrufbar.

## Folge SÜLTZ BÜCHER auf

# GOOGLE

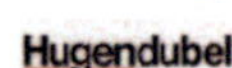

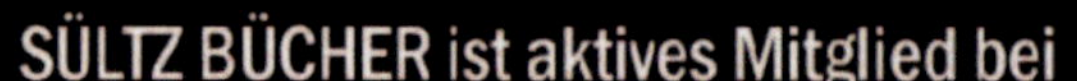




© Renate Sueltz & Uwe Heinz Sueltz Jr.
**Herstellung und Verlag:**
**BoD – Books on Demand, Norderstedt**
**ISBN** 9-78375-6-24476-8

Inhalt / Contents:

SÜLTZ BÜCHER - BEI DEM SELF MADE AUTORENTEAM WERDEN ALLE GENRES
ABGEDECKT. ÜBER 700 BUCHPROJEKTE SIND WELTWEIT AUF DEM BUCHMARKT.
AUF DIESER SEITE SEHEN SIE EINE AUSWAHL VON TECHNIKBÜCHERN.

<u>1967</u> - In der Prädigitalen-Epoche gab es sehr präzise Armbanduhren, auch andere Arten von Uhren. Das Raumschiff Enterprise startete seine Weltraumerkundung mitten in der Entwicklung digitaler Uhren. Die erste elektronische Armbanduhr mit einem Miniaturquarz als taktgebendem Element wurde vom Centre Electronique Horloger (CEH) in Neuenburg, Schweiz, 1967 vorgestellt. Und als das Raumschiff Enterprise längst mit modernster Technik nach noch besserer Technik bei anderen Wesen suchte, kamen Anfang der 1970er Jahren erste LED/LCD-Armbanduhren auf den Markt.

In the pre-digital era there were very precise wristwatches, as well as other types of watches. The Starship Enterprise started its space exploration in the middle of the development of digital clocks. The first electronic wristwatch with a miniature quartz as the clock element was presented by the Center Electronique Horloger (CEH) in Neuenburg, Switzerland, in 1967. And when the spaceship Enterprise had long been looking for even better technology in other beings with the most modern technology, the first LED/LCD wristwatches came onto the market in the early 1970s.

Zurück zur Realität: In diesem Buch geht es um die erste Feldeffekt-LCD-Anzeige. Der Vorteil dieser Anzeige ist, dass bei hellem Sonnenschein die Uhrzeit durch einen besseren Kontrast abzulesen ist. Außerdem verbraucht diese LCD-Anzeige viel weniger Strom als frühere LCD-Anzeigen und noch viel, viel weniger Strom als LED-Anzeigen. Die Fangemeinden diskutieren darüber, wer die erste Feldeffekt-LCD-Armbanduhr auf den Markt gebracht hatte und wann. Im Gespräch sind Firmen wie GRUEN und COX Electronic Systems, Inc. in Salt Lake City, Utah. Es werden also Vermutungen, Fakten, Erinnerungen und Erlebnisse von mir ins Spiel gebracht.

Back to reality: This book is about the first field effect LCD display. The advantage of this display is that the time can be read in bright sunshine thanks to better contrast. In addition, this LCD display consumes much less power than previous LCD displays and much, much less power than LED displays. Fan bases are debating who brought the first field effect LCD watch to market and when. Companies such as GRUEN and Cox Electronic Systems, Inc. in Salt Lake City, Utah are under discussion. So assumptions, facts, memories and experiences are brought into play by me.

*GRUEN - Im Jahr 1867 emigrierte der 20-jährige deutsche Uhrmacher Dietrich Gruen (1847–1911) aus dem rheinhessischen Osthofen in die USA. Dort heiratete er Pauline Wittlinger, die Tochter eines Uhrmachers aus Delaware/Ohio und arbeitete zunächst einige Jahre für seinen Schwiegervater. Im Alter von 27 Jahren beantragte er ein Patent für einen verbesserten Minutenrad-Sicherheitstrieb in Uhrwerken. 1874, das Jahr dieser bedeutenden Erfindung, sollte später als Gründungsdatum der Gruen Watch Company vermarktet werden. Eine aufregende Firmengeschichte begann.

*GRUEN - In 1867, the 20-year-old German watchmaker Dietrich Gruen (1847–1911) emigrated from Osthofen in Rhine-Hesse to the USA. There he married Pauline Wittlinger, the daughter of a watchmaker from Delaware/Ohio, and initially worked for his father-in-law for a few years. At the age of 27 he applied for a patent for an improved minute wheel safety pinion in watch movements. 1874, the year of this significant invention, would later be marketed as the founding date of the Gruen Watch Company. An exciting company history began.

*COX ELECTRONIC SYSTEMS - Der Produktname für David L. Cox Uhr war die Quarza Digital Watch und verwendete die erste Flüssigkristallanzeige, die man am helllichten Tag und bei schlechten Lichtverhältnissen lesen konnte. Die Display-Technologie war das Field Effect LCD (Liquid Crystal Display), das von der International Liquid Crystal Company (ilixco) aus Cleveland, Ohio, erfunden und vermarktet wurde. Cox Electronic Systems war einer der ersten Kunden für dieses Produkt. Anmerkung Sültz: „… einer der ersten Kunden eben, nicht der erste, laut David L. Cox.“

*COX ELECTRONIC SYSTEMS - The product name for David L. Cox watch was the Quartza Digital Watch and used the first liquid crystal display that could be read in broad daylight and low light conditions. The display technology was the Field Effect LCD (Liquid Crystal Display) invented and marketed by the International Liquid Crystal Company (ilixco) of Cleveland, Ohio. Cox Electronic Systems was one of the first customers for this product. Note Sültz: "... just one of the first customers, not the first, according to David L. Cox."

<u>Weiter mit der Geschichte:</u>

Bereits in den frühen 1970er Jahren wurde von TEXAS INSTRUMENTS zusammen mit EBAUCHES SA die LCD-Technologie (Flüssigkristallanzeige) entwickelt. Es sollte eine Alternative zu der stromfressenden LED-Technologie sein. Diese Module wurden dann von LONGINES und OMEGA auf den Markt gebracht (später auch CRISTALONIC). Auch ging die erste BWC/OPTEL 1971 an den Start. Sie hatte die Dynamic Scattering Anzeige. Nach technischen Problemen wurde sie auch auf der Baseler Messe im März 1972 vorgestellt. Übrigens schon im Jahr 1969 entwickelte James Fergason eine neue Methode namens Field Effect Display, die auf dem verdrehten nematischen Feldeffekt basiert, aber noch war dieses Prinzip in der Entwicklungsphase. Er gründete später eine Firma namens ILIXCO.

Continuing with the story:

LCD (Liquid Crystal Display) technology was developed by TEXAS INSTRUMENTS together with EBAUCHES SA back in the early 1970s. It should be an alternative to the power-guzzling LED technology. These modules were then brought onto the market by LONGINES and OMEGA (later also CRISTALONIC). The first BWC/OPTEL was also launched in 1971. She had the Dynamic Scattering meter. After technical problems, it was also presented at the Basel exhibition in March 1972. Incidentally, already in 1969 James Fergason developed a new method called Field Effect Display, which is based on the twisted nematic field effect, but this principle was still in the development phase. He later founded a company called ILIXCO.

*TEXAS INSTRUMENTS - Die Texas Instruments Incorporated, häufig auch als TI bezeichnet, ist eines der größten US-amerikanischen Technologieunternehmen mit Sitz in Dallas, Texas.

* ESA - Von 1927 bis 1983 beherrschten die Ebauches SA und ihre Mitgliedsfirmen den Schweizer Markt für Rohwerke wie Uhrwerke und die damit verknüpfte Komponenten. Bis 1983 war die 1926 gegründete Ebauches SA der größte Schweizer Rohwerke Hersteller für die Uhrenindustrie.

*OPTEL CORPORATION - Die Optel Corporation wurde gegründet, um elektronische und optoelektronische Geräte und Systeme zu entwickeln, herzustellen und zu verkaufen, die in verschiedenen Bereichen der Kommunikation und Datenverarbeitung eingesetzt werden können.

*TEXAS INSTRUMENTS - Texas Instruments Incorporated, often referred to as TI, is one of the largest US technology companies based in Dallas, Texas.

* ESA - From 1927 to 1983, Ebauches SA and its member companies dominated the Swiss market for raw movements such as watch movements and related components. Ebauches SA, founded in 1926, was the largest Swiss manufacturer of raw movements for the watch industry until 1983.

*OPTEL CORPORATION - Optel Corporation was formed to develop, manufacture and sell electronic and optoelectronic devices and systems used in various fields of communications and data processing.

Und weiter: Auf der Baseler Messe am 6. März 1972 wurden vier unterschiedliche Projekte vorgestellt. Drei Displays kamen von OPTEL CORPORATION, eins von TEXAS INSTRUMENTS:

- OPTEL/DITRONIC SA - Eine Zusammenarbeit von Buttes Watch Co. (BWC), Delvina SA, Glycine Altus SA, Montres Milus und Wyler SA, diese Uhr hatte eine konventionelle Drehkrone zum Einstellen der Zeit. siehe oben

- OPTEL/WALTHAM/SGT - Ein preiswerteres Design aus der schweizerisch-amerikanischen Zusammenarbeit, das als Waltham Walchron verkauft wurde, später auch von Jules Jurgensen als Optcom vertrieben.

- OPTEL/TISSOT/HAMILTON/LANCO - Ein weiterer preiswerterer Entwurf, der nie produziert wurde (Tissot Data Recorder, Lanco OTX, Hamilton Lazar).

- TEXAS/EBAUCHES SA/LONGINES - Ein Modell, das neben Stunden und Minuten auch Sekunden und Datum anzeigt, eine Premiere für eine Digitaluhr, kurz vor der Synchronar.

And further: At the Basel trade fair on March 6, 1972, four different projects were presented. Three displays came from OPTEL CORPORATION, one from TEXAS INSTRUMENTS:

- OPTEL/DITRONIC SA - A collaboration between Buttes Watch Co. (BWC), Delvina SA, Glycine Altus SA, Montres Milus and Wyler SA, this watch had a conventional rotating crown to set the time. see above

- OPTEL/WALTHAM/SGT - A cheaper Swiss-American collaboration design sold as the Waltham Walchron, later also marketed by Jules Jurgensen as the Optcom.

- OPTEL/TISSOT/HAMILTON/LANCO - Another cheaper design that was never produced (Tissot Data Recorder, Lanco OTX, Hamilton Lazar).

- TEXAS/EBAUCHES SA/LONGINES - A model that displays seconds and date in addition to hours and minutes, a first for a digital watch, just before synchronous.

Ein anderes Konsortium von Uhrenherstellern stellte später im selben Jahr auf der Hannover Messe ein LCD-Projekt mit dem Optel-Display vor. Die Quarzuhr Pallas wurde von Adora, Eppo, Exquisit, Ormo und Para hergestellt. Diese Uhr wurde auch in den Niederlanden als Lasita Quarz angekündigt.

Ein weiteres dynamisches LCD-Display wurde von der Intel-Tochter Microma entwickelt. Das von Hamlin hergestellte Microma 360 wurde im Oktober 1972 über verschiedene

Kanäle in den Vereinigten Staaten zum Verkauf freigegeben. Die französischen Herma-Lov, Finhor und Villers-le-Lac verwendeten im folgenden Jahr ein Microma-Display, ebenso wie die Nepro Lady Quartz und die Timetron aus Hongkong.

Es ist nicht klar, welche dieser Uhren als erste Armbanduhr auf den Markt kam, aber Optel war in der Lage, bis Ende 1972 einige tausend Displays auszuliefern, so dass viele dieser Uhren diesen Titel für sich beanspruchen könnten. Auch die Longines- und Microma-Uhren kamen in diesem Jahr auf den Markt. Dynamische LCDs waren zwar einfacher herzustellen, verbrauchten aber viel Strom, waren bei hellem Licht schlecht ablesbar und neigten dazu, sich mit der Zeit zu verschlechtern. Kein Unternehmen war in der Lage, mit dieser Technologie ein zufriedenstellendes Display herzustellen.

Gleichzeitig entwickelte der Hersteller ILIXCO INTERNATIONAL COMPANY das erste Liquid Crystal Display. Der Hersteller AMI entwickelte ein Laufwerk. Und so entstand das fertige Modul Kaliber 606A.

Somit wurde erstmalig ein Field Effect LCD Display im Januar 1973 in der GRUEN TELETIME verwendet (eventuell auch schon gegen Ende 1972). Auch die COX QUARZA und die PEACEMAKER waren am Start. Cox Electronic Systems war ebenso einer der ersten Kunden bei ILIXCO. Wer nun vorne lag, ob Wochen oder Tage, ist nicht bekannt. Auf jeden Fall hat GRUEN das Warenzeichen TELETIME am 12.6.1973 eintragen lassen. Bereits ab Herbst 1972

Bild Cox Electronic Systems, Inc.

wurde die TELETIME von GRUEN schon vermarktet. Es

können somit auch Uhren im Handel erschienen sein. Die Uhr kostete 200 $. 200 US-Dollar im Jahr 1972 entsprechen der Kaufkraft heute etwa 1420 US-Dollar. Obwohl als GRUEN beworben, hat die TELETIME nichts mehr mit der einst angesehenen amerikanischen Uhrenfirma gemeinsam. In den 1970er Jahren war GRUEN eine Marke, so wie auch viele andere, etwa MEISTER ANKER. Aber bei allen Vermutungen, wann und welche Uhr zuerst im Verkauf gewesen ist, steht doch fest, dass den beiden Entwicklern ILIXCO und AMI alle Ehren gebührt. Sie schufen im Jahr 1972 die Voraussetzung dafür, dass viele Hersteller dieses

Modul ILIXCO/AMI einsetzen konnten. So auch MEISTER ANKER.

* ILIXCO - LXD Incorporated wurde 1968 als ILIXCO (International Liquid Crystal Company) von James Fergason in Kent, Ohio gegründet und war der erste Hersteller des Liquid Crystal Displays.

* AMI - American Microsystems, Inc, später umbenannt in AMI Semiconductor (AMIS), war ein US-amerikanisches Halbleiterunternehmen, das 1966 in Santa Clara gegründet wurde. Bis 1975 wurde das LCD-Uhren-Modul mit dem Display von ILIXCO gefertigt. Später wurden auch Displays von BECKMANN verbaut.

Die GRUEN TELETIME ging kurze Zeit später auch als DUWARD TELETIME an den Start. Das Modul von AMI wurde im Laufe der Zeit nur gering verändert. So ist ein neuer Einstellmechanismus (links) eingebaut worden.

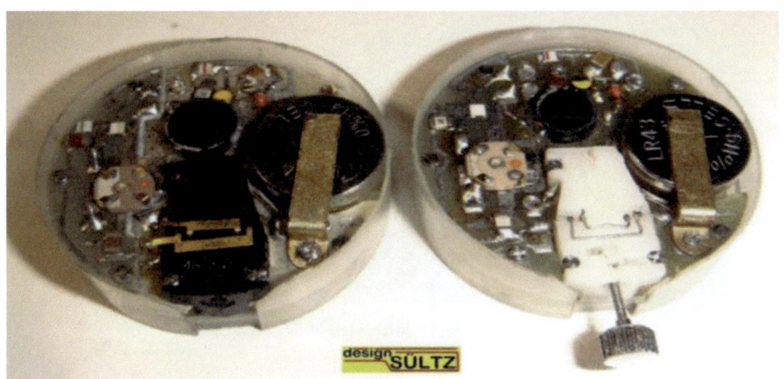

* ILIXCO - LXD Incorporated was founded in 1968 as ILIXCO (International Liquid Crystal Company) by James Fergason in Kent, Ohio and was the first manufacturer of the liquid crystal display.

* AMI - American Microsystems, Inc, later renamed AMI Semiconductor (AMIS), was an American semiconductor company founded in Santa Clara in 1966. Until 1975, the LCD clock module with the display was manufactured by ILIXCO. Later, BECKMANN displays were also installed.

A short time later, GRUEN TELETIME was also launched as DUWARD TELETIME. The AMI module has changed only slightly over time. A new adjustment mechanism is installed.

DUWARD TELETIME
el ordenador electrónico de cuarzo
más plano
con la tecnología más avanzada
DUWARD
DUWARD
DUWARD TELETIME

Die Uhr LCQ (Liquid Crystal Quartz) ist die nächste Uhr von GRUEN. Die LCQ ist zwischen 1973-75 verkauft worden.

The LCQ (Liquid Crystal Quartz) watch is GRUEN's next watch. The LCQ was sold between 1973-75.

Eine weitere Neuerung stellte die Beleuchtung dar.
In die PEACEMAKER wurde eine kleine Birne eingebaut und
der Drücker.

Another innovation was the lighting. A small bulb and the pusher were built
into the PEACEMAKER.

Wann das Modul hergestellt wurde, ist am Aufkleber zu erkennen: 7331 = 1973, 31. Woche. Weißes Einstellmodul = erste Serie. The sticker shows when the module was manufactured: 7331 = 1973, week 31. White adjustment module = first series.

## The winner is…

Die amerikanische Firma GRUEN brachte spätestens im Januar 1973 die LCD-Uhr auf den Markt (wahrscheinlich aber doch schon gegen Ende 1972). Ihre TELETIME verwendete zum ersten Mal ein Feldeffekt-LCD-Display, das vor allem bei hellem Sonnenlicht einen besseren Kontrast bot als die dynamische Diffusions-LCD von TI und viel weniger Strom verbrauchte. Ein weiterer Vorteil des Feldeffekts war die schnellere Aktualisierungsrate, die es ermöglichte, die Sekunden durch einen blinkenden Punkt anzuzeigen. GRUEN wurde schnell bekannt, da sie ihre innovative Solid-State-Uhr in den Vereinigten Staaten für nur 199,95 Dollar verkaufen konnten (den Vorgänger gan es für 150 Dollar). Diese Anzeigen wurden von ILIXCO in Cleveland, Ohio, hergestellt, einem Pionier der Technologie, in Zusammenarbeit mit der Kent State University. Weitere ILIXCO-Displays waren in PEACEMAKER Uhren aus Kanada und in COX QUARZA Uhren.

Ein Konsortium aus EBAUCHES SA und FASELEC aus der Schweiz und BROWN BOVERI in Baden, Deutschland, entwickelte ebenfalls eine Feldeffekt-LCD, die unter anderem von LONGINES als neue SWISSONIC 2000 übernommen wurde. Auch sie wurde 1973 zum Verkauf freigegeben.

SEIKO, CITIZEN und ORIENT entwickelten eine ähnliche Anzeige in Japan im Jahr 1973. Die Cal. 06 von SEIKO war die erste „sechsstellige Uhr" mit laufender Sekunde. Die Cal. 9010A von CITIZEN war die erste Uhr, die Ende 1973 oder Anfang 1974 Uhrzeit, Tag und Datum anzeigte.

OPTEL schwenkte ebenfalls auf die Herstellung von Feldeffekt-LCD-Anzeigen um, und viele Uhren, die für ihre dynamische Anzeige konzipiert waren, wurden für diese neue Anzeige nachgerüstet oder umgestaltet. Dazu gehörten die PALLAS und die SEGTRONIC von American Express.

Der Markt wurde mit neuen digitalen LCD- und LED-Uhren überschwemmt, die im Jahr 1974 eingeführt wurden. Darunter befand sich auch die erste Quarzuhr für Damen mit einem LCD-Display, die von Nepro auf der Basler Messe vorgestellt wurde. Die Preise waren ebenfalls gesunken, und Gruen verkaufte digitale LCD-Uhren für 150 Dollar. Diese wurden in den folgenden Jahren immer beliebter und verdrängten andere preiswerte LED-, Digital-Analog- und Roskopf-Uhren.

Um noch einmal bewusst zu machen, was da Anfang der 1970er Jahre passiert ist, hier auch einmal die Sicht auf ein anderes Beispiel: In der Musikwelt gab es ab 1971 die

Marke „Chinnichap". Michael Donald „Mike" Chapman und Nicky Chinn schrieben Texte und produzierten sehr erfolgreiche Musik für The Sweet, Suzi Quatro, Smokie, Hot Chocolate, Mud und viele weitere Stars. Sie machten die Vorarbeit und die Sängerinnen und Sänger gaben ihr Bestes. … Und so war es bei den Uhren. ILIXCO und AMI schufen das Display und die Technik und GRUEN, COX und viele weitere Marken, auch MEISTER ANKER, bauten eine komplette Armbanduhr. … Und wenn  James Fergason im Jahr 1968 seine Firma ILIXCO eröffnete, um die Feldeffekt-Technik zu verfeinern, diese dann ab Oktober 1972 veröffentlichte, ist doch die Zeitspanne der ersten Armbanduhr eng zu beziffern: Zwischen Oktober und Januar 1973. Eines steht fest, es war eine Uhr mit ILIXCO/AMI Modul.  (James Fergason, * 12. Januar 1934 in Wakenda, Missouri; † 9. Dezember 2008, war ein US-amerikanischer Physiker der im Bereich der Flüssigkristalle (LC) und deren Anwendungen forschte. Er erwarb seinen Bachelor in Physik 1956 an der University of Missouri und machte seine ersten praktischen Erfahrungen mit Flüssigkristallen an den Westinghouse Research Laboratories in Pennsylvania und erhielt 1963 ein Patent (US 3,114,836) für Einrichtungen zur bildgebenden Temperaturmessung mit cholesterischen Flüssigkristallen (Thermal imaging devices utilizing a cholesteric liquid crystalline phase). Zwei Jahre später verließ er Westinghouse und gründete seine eigene Firma ILIXCO, um seine verbesserten LC-Displays zu fertigen. Seine ersten Kunden waren GRUEN und COX. Fergason hielt über 150 Patente in den USA und über 500 Patente im Ausland. 2001 wurde er in der National Inventors Hall of Fame aufgenommen. 2008 erhielt er die IEEE Jun-ichi Nishizawa Medal.)

Stimmen Sie, liebe Leserinnen und Leser, der Erkenntnis zu… the winner is James Fergason!

The American company GRUEN brought the LCD clock onto the market by January 1973 at the latest. Their TELETIME used a field-effect LCD display, which offered better contrast than TI's dynamic diffusion LCD, especially in bright sunlight, and used much less power. Another advantage of the field effect was the faster refresh rate, which allowed the seconds to be indicated by a blinking dot. GRUEN quickly gained notoriety as they were able to sell their innovative solid state watch in the United States for as little as $199,95. These displays were manufactured by ILIXCO in Cleveland, Ohio, a pioneer in the technology, in collaboration with Kent State University. Other ILIXCO displays were in PEACEMAKER watches from Canada and in COX QUARZA watches.

A consortium of EBAUCHES SA and FASELEC from Switzerland and BROWN BOVERI in Baden, Germany, also developed a field effect LCD, which was adopted by LONGINES as the new SWISSONIC 2000, among others. It was also released for sale in 1973.

SEIKO, CITIZEN and ORIENT developed a similar gauge in Japan in 1973. The Cal. 06 from SEIKO was the first "six-digit watch" with a running second. The Cal. CITIZEN's 9010A was the first watch to display the time, day and date in late 1973 or early 1974.

OPTEL also switched to manufacturing field-effect LCD displays, and many watches designed to display them dynamically were retrofitted or redesigned for this new display. These included the PALLAS and the SEGTRONIC from American Express.

The market was flooded with new digital LCD and LED watches introduced in 1974. Among them was the first quartz watch for women with an LCD display, which was presented by Nepro at the Basel trade fair. Prices had also fallen, with Gruen selling digital LCD watches for $150. These became more and more popular in the years that followed, supplanting other inexpensive LED, digital-analog and Roskopf watches.

To make you aware of what happened at the beginning of the 1970s, here is another example: the "Chinnichap" brand existed in the music world from 1971. Michael Donald "Mike" Chapman and Nicky Chinn wrote lyrics and produced highly successful music for The Sweet, Suzi Quatro, Smokie, Hot Chocolate, Mud and many more stars. They did the preliminary work and the singers did their best. ... And so it was with watches. ILIXCO and AMI created the display and the technology and GRUEN, COX and many other brands, including MEISTER ANKER, built a complete wristwatch. ... And when James Fergason opened his company ILIXCO in 1968 to refine the field effect technology, which he then published from October 1972, the time span of the first wristwatch can be put in a tight figure: between October and January 1973. One thing is certain, it was a watch with ILIXCO/AMI module. (James Fergason, born January 12, 1934 in Wakenda, Missouri; † December 9, 2008, was an American physicist who researched in the field of liquid crystals (LC) and their applications. He earned his bachelor's degree in physics in 1956 from the University of Missouri and made his first practical experiences with liquid crystals at Westinghouse Research Laboratories in Pennsylvania and received a patent (US 3,114,836) for thermal imaging devices utilizing a cholesteric liquid crystalline phase in 1963. He left two years later Westinghouse and founded his own company ILIXCO to manufacture his improved LCD displays.His first customers were GRUEN and COX.Fergason held over 150 US patents and over 500 foreign patents.Inducted into the National Inventors Hall of Fame in 2001 Received the IEEE Jun-ichi Nishizawa Medal in 2008.)

Agree, dear readers, with the insight... the winner is James Fergason!

# Featuring Teletime, the most advanced system in solid state timekeeping...

no mechanical moving parts. It is *not* a quartz adaptation employing a tuning fork or balance wheel.

Teletime, based on sound engineering concepts and exacting product testing, is fully guaranteed for three years.

The ultimate test of our achievements rests with the watch buyer. Consumer research, as well as "sell-outs" in test markets across the country, indicate Teletime has the greatest consumer acceptance of any new product in the history of the watch industry.

Teletime leads in styling, as well as technology, with six dramatic models from $150 retail.

TELETIME™ is today. GRUEN is planning tomorrow. Take a peek into the future at the RJA Show, Nassau Suite - A.

GRUEN

For more information contact Gruen Industries Inc., Dept. T, 20 West 47th Street, New York, N.Y. 10036

QUARZA GOLD

Ruggedly handsome Quarza Gold
is shock and impact resistant.
Guaranteed accurate "on the wrist" to
within one minute per year.
The Single Power cell will easily operate
the watch for over a year.

QUARZA R

The same precision electronic
module as the QUARZA Gold,
offering unprecidented accuracy
in a masculine case of Rhodium
for beauty and wear.

'QUARZA NAVIGATOR

The Ultimate performer for the man
who demands to-the-second accuracy!
A touch of the button changes the
read-out from hours and minutes to
seconds (as shown). Another touch, and
the watch is again showing
hours and mintues.

'Available in Summer '74

Wie gesagt, auch Anfang der 1970er Jahre konnte man nicht hinter die Kulissen der Entwicklungen schauen. Wer nun die ersten Armbanduhren mit Feldeffektanzeige auf den Markt gebracht hat, das bleibt offen. Es kann sich aber nur um Wochen gehandelt haben. Heute ist ein neues Smartphone ruck zuck überall und sofort erhältlich, das Internet macht es möglich. Das war eben damals alles anders.

Anfang der 1970er Jahre wurde unsere Firma, SÜLTZ ELEKTRONIK, gegründet. Wir konzentrierten uns auf die Radio- und Fernsehtechnik, Messgerätebau und später auf die Satelliten-Technik. Zusätzlich betrieben wir noch einen QUELLE SHOP.

As I said, even in the early 1970s it was not possible to look behind the scenes of developments. It remains unclear who brought the first wristwatches with field effect displays onto the market. But it could only have been a matter of weeks. Today, a new smartphone is available everywhere and immediately, the Internet makes it possible. It was all different back then.

Our company, SÜLTZ ELEKTRONIK, was founded in the early 1970s. We concentrated on radio and television technology, construction of measuring devices and later on satellite technology. We also run a QUELLE SHOP.

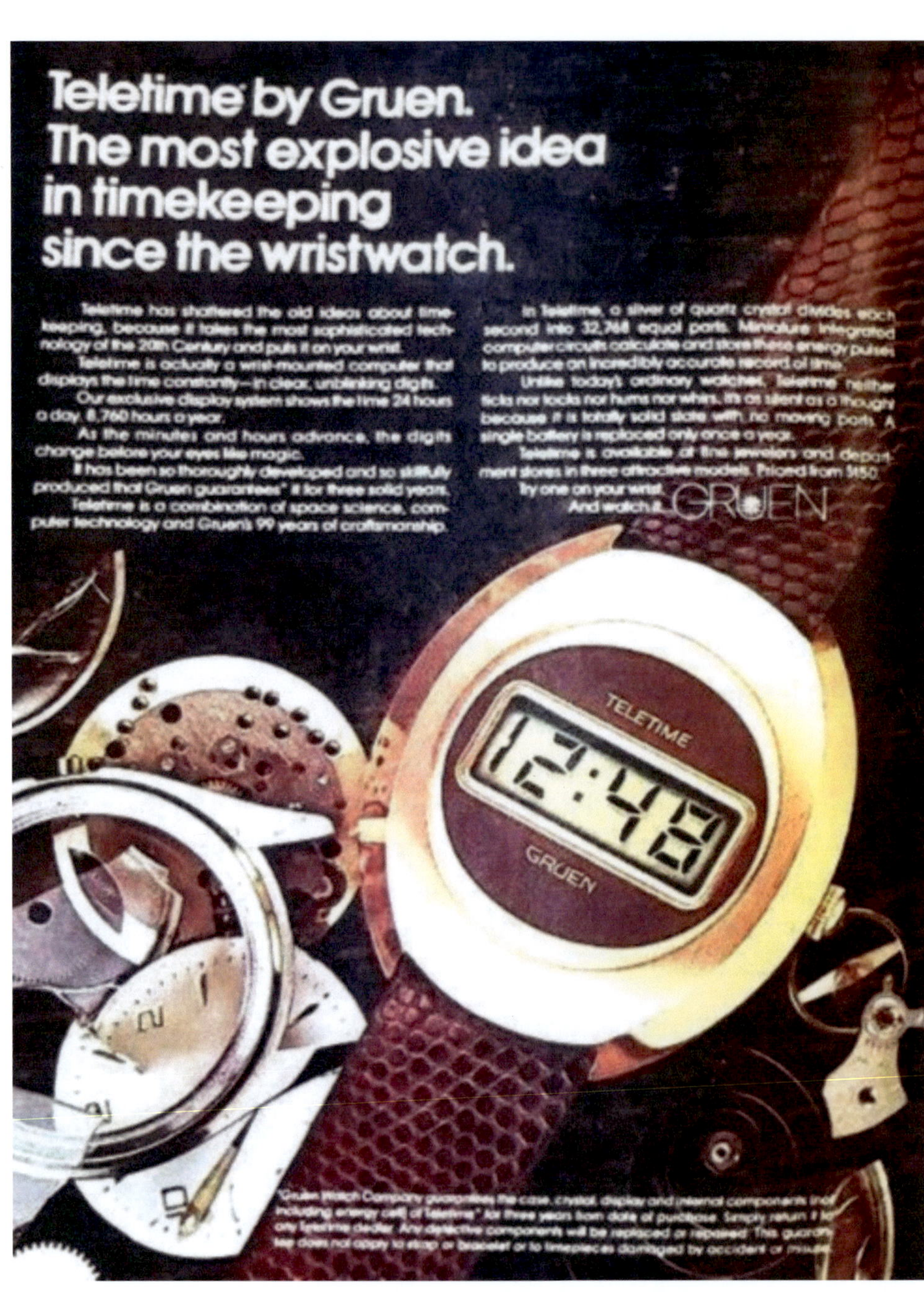

Teletime by Gruen.
The most explosive idea
in timekeeping
since the wristwatch.

Teletime has shattered the old ideas about timekeeping, because it takes the most sophisticated technology of the 20th Century and puts it on your wrist.
Teletime is actually a wrist-mounted computer that displays the time constantly—in clear, unblinking digits.
Our exclusive display system shows the time 24 hours a day, 8,760 hours a year.
As the minutes and hours advance, the digits change before your eyes like magic.
It has been so thoroughly developed and so skillfully produced that Gruen guarantees* it for three solid years.
Teletime is a combination of space science, computer technology and Gruen's 99 years of craftsmanship.
In Teletime, a sliver of quartz crystal divides each second into 32,768 equal parts. Miniature integrated computer circuits calculate and store these energy pulses to produce an incredibly accurate record of time.
Unlike today's ordinary watches, Teletime neither ticks nor tocks nor hums nor whirs. It's as silent as a thought because it is totally solid state with no moving parts. A single battery is replaced only once a year.
Teletime is available at fine jewelers and department stores in three attractive models. Priced from $150.
Try one on your wrist.
And watch it. GRUEN

TELETIME
GRUEN

*Gruen Watch Company guarantees the case, crystal, display and internal components (not including energy cell) of "Teletime" for three years from date of purchase. Simply return it to any Teletime dealer. Any defective components will be replaced or repaired. This guarantee does not apply to strap or bracelet or to timepieces damaged by accident or misuse.

<u>2022</u> – Wie sieht es heute aus mit einer Uhr mit dem ILIXCO/AMI Modul? Auf Verkaufsplattformen könnte man noch eine Uhr ergattern. In welchem Zustand die Uhr dann ist, kann nicht beantwortet werden. Eine kleine Reparaturanleitung mit Spannungswerten ist in diesem Buch vorhanden. Das Display oder das Einstallmodul ist nicht mehr erhältlich. Defekte Uhren liegen um 20 Euro, komplette und funktionierende Uhren liegen bei 200 Euro. Wir besitzen noch 10 funktionierende Uhren mit dem ILIXCO/AMI Modul. Ersatzteile sind auch noch vorhanden. Das Konvolut soll ein Uhren-Museum erhalten.

2022 – What about a watch with the ILIXCO/AMI module today? You could still get hold of a watch on sales platforms. In what condition the watch is then cannot be answered. A small repair manual with voltage values is included in this book. The display or the installation module is no longer available. Defective watches are around 20 euros, complete and working watches are around 200 euros. We still have 10 working watches with the ILIXCO/AMI module. Spare parts are also available. The convolute is to receive a watch museum.

Weitere Marken mit dem ILIXCO/AMI Modul:

AMARA – MEISTER ANKER – LAGO – INSTAR – Veredler SÜLTZ ELEKTRONIK

Other brands with the ILIXCO/AMI module: AMARA - MEISTER ANKER - LAGO - INSTAR - finisher SÜLTZ ELEKTRONIK

<u>Erklärung der Flüssigkristallanzeigen</u>

Flüssigkristalle sind organische Flüssigkeiten, die in ihren Zwischenphasen (Mesophasen) zwischen dem festen und dem flüssigen Bereich kristalline Eigenschaften aufweisen, die sich durch das Anlegen eines elektrischen Feldes beeinflussen lassen.

Bringt man eine Flüssigkristallsubstanz in ein elektrisches Feld, so ordnen sich die Kristalle in einer dem Feld entsprechenden Richtung. Setzt man hinter der Substanz einen Spiegel an, so führt beim Anlegendes Feldes die dadurch hervorgerufene Ordnung der Kristalle zu einer Trübung der vorher klaren Flüssigkeit. Es ändern sich die optischen Eigenschaften.

Durch Ausbildung der Feldelektroden in Form von Segmenten kann man die getrübten, milchig weißen Zonen zu Ziffern zusammenfügen.

ILIXCO entwickelte dieses Prinzip weiter. Ihre Flüssigkristallanzeigen enthalten nematische Flüssigkristallsubstanzen, deren Kristallachsen beim Auslegen eines elektrischen Wechselfeldes sich in Form eines verdrillten Bandes ordnet. Man bezeichnet diesen physikalischen Effekt als Feldeffekt. Da sich beim beschriebenen Feldeffekt die Kristalle in einem verdrillten

Band ordnen, nennt man diese Erscheinung auch Twist- oder TN-Effekt.

Bei Feldeffekten handelt es sich um reine dielektrische Vorgänge, bei denen nur die Richtung der Kristalldirektoren verändert wird, aber kein Ladungstransport stattfindet. Deswegen nehmen Flüssigkristallanzeigen des Feldeffekttyps nur sehr geringe Energiemengen auf. Der Feldeffekt in Flüssigkristallen lässt sich nur durch polarisiertes Licht sichtbar machen. Aus diesem Grund gibt es das Polarisationsfilter.

Explanation of the liquid crystal displays

Liquid crystals are organic liquids that have crystalline properties in their intermediate phases (mesophases) between the solid and the liquid region that can be influenced by applying an electric field.

If a liquid crystal substance is placed in an electric field, the crystals arrange themselves in a direction corresponding to the field. If a mirror is placed behind the substance, the resulting order of the crystals when the field is applied causes the previously clear liquid to become cloudy. The optical properties change.

By designing the field electrodes in the form of segments, the clouded, milky-white zones can be combined into digits.

ILIXCO further developed this principle. Their liquid-crystal displays contain nematic liquid-crystal substances whose crystal axes arrange themselves in the form of a twisted band when an alternating electric field is applied. This physical effect is called the field effect. Since the crystals arrange themselves in a twisted band in the field effect described, this phenomenon is also known as the twist or TN effect.

Field effects are purely dielectric processes in which only the direction of the crystal directors is changed, but no charge transport takes place. Therefore, field effect type liquid crystal displays consume very small amounts of energy. The field effect in liquid crystals can only be made visible using polarized light. This is why the polarizing filter exists.


## Aufbau der Feldeffekt-Flüssigkristall-Anzeige

Die Flüssigkristallanzeigen bestehen aus zwei Glasplatten. Durch eine Folie werden die beiden Glasplatten auf einen Abstand von weniger als 10 μm gehalten. Die Glasplatten tragen auf den Seiten, die der Flüssigkristallsubstanz zugekehrt sind, die Elektroden. Die Glasplatte der Betrachtungsseite hat eine Elektrodenstruktur entsprechend der Ziffernstruktur der gewünschten Anzeige. Die untere Glasplatte trägt eine Elektrodenstruktur, die der Ziffernstruktur als gemeinsame Elektrode entspricht. Obere und untere Glasplattenoberseiten sind mit Polarisationsfolie bedeckt. Sie lässt nur bestimmte Schwingungsrichtungen des einfallenden Lichtes durch die Flüssigkristallsubstanz hindurch. Durch die Kreuzung der beiden Polarisationsfolien tritt für das einfallende Licht im angeregten Bereich eine Schwärzung auf. Die angeregte Ziffernstruktur ist dunkel. Eine auf der Unterseite der Anzeige angebrachte Reflexionsfolie sorgt für eine diffuse Reflexion des hindurchtretenden Lichtes. Damit erscheint der Hintergrund der Flüssigkristallanzeige hellgrau.

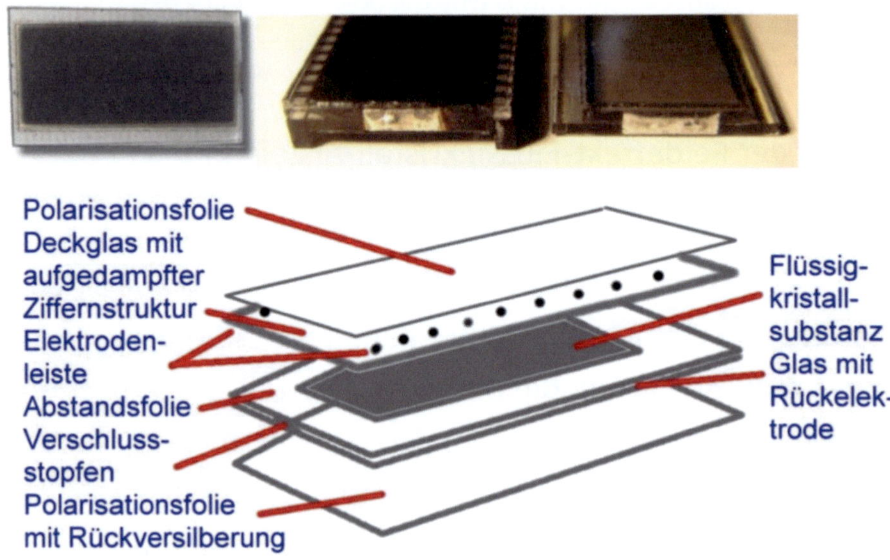


Structure of the field effect liquid crystal display

The liquid crystal displays consist of two glass plates. A foil keeps the two glass plates at a distance of less than 10 µm. The glass plates carry the electrodes on the sides facing the liquid crystal substance. The viewing side glass plate has an electrode pattern corresponding to the digit pattern of the desired display. The lower glass plate carries an electrode structure that corresponds to the digit structure as a common electrode. Upper and lower glass plate tops are covered with polarizing film. It only allows certain vibration directions of the incident light to pass through the liquid crystal substance. Due to the crossing of the two polarizing foils, the incident light is blackened in the excited area. The excited digit structure is dark. A reflective foil attached to the underside of the display ensures diffuse reflection of the light passing through. This makes the background of the liquid crystal display light gray.


## Beleuchtung von LCD-Displays

Flüssigkristallanzeigen für Armbanduhren können aus Raumgründen nicht als selbstleuchtende Anzeigen aufgebaut werden. Um die Ablesbarkeit auch bei Dunkelheit und Dämmerung zu ermöglichen, beleuchtet man die Displays mit Miniaturglühlampen von der Seite her. Solche Anzeigen sind nicht gleichmäßig ausgeleuchtet. Zur Verbesserung der Ablesbarkeit auch bei schlechter Beleuchtung des Anzeigefeldes sind Flüssigkristallanzeigen mit passiver Helligkeitsverstärkung entwickelt worden. Helligkeitsverstärkte Flüssigkristallanzeigen sind passive Anzeigen, bei denen durch Mittel zum Sammeln des Umgebungslichts eine Verstärkung des Ablesekontrasts auftritt. Man bezeichnet sie auch als FLAD (Fluoreszenz-Aktiviertes-Display). Für unser ILIXCO/AMI-Modul ist dies noch nicht relevant. Es war nur Teil meines Nachrichtentechnik-Studiums.

Illumination of LCD displays

For reasons of space, liquid crystal displays for wristwatches cannot be designed as self-illuminating displays. In order to enable readability even in the dark and at dusk, the displays are illuminated from the side with miniature light bulbs. Such displays are not evenly illuminated. Liquid crystal displays with passive brightness enhancement have been developed to improve legibility even when the display field is poorly lit. Brightness-enhanced liquid crystal displays are passive displays in which an increase in reading contrast occurs through means of collecting ambient light. They are also referred to as FLAD (Fluorescence Activated Display). This is not yet relevant for our ILIXCO/AMI module. It was just part of my communications engineering degree.

Die GRUEN PEACEMAKER wurde mit Beleuchtung angeboten.

Auf der nächsten Seite: 1 – Beleuchtung von LCD-Displays 2 – Stopfen für die Flüssigkeit 3 – Verschiedene Display-Modul-Hersteller 4 – Zerlegtes Display

The GRUEN PEACEMAKER was offered with lighting.

On the next page: 1 - Illumination of LCD displays 2 - Plugs for liquid 3 - Various display module manufacturers 4 - Disassembled display

1 = Displaybeleuchtung 2 = Stopfen für die Flüssigkeit 3 = Display Module verschiedener Hersteller 4 = Display zerlegt

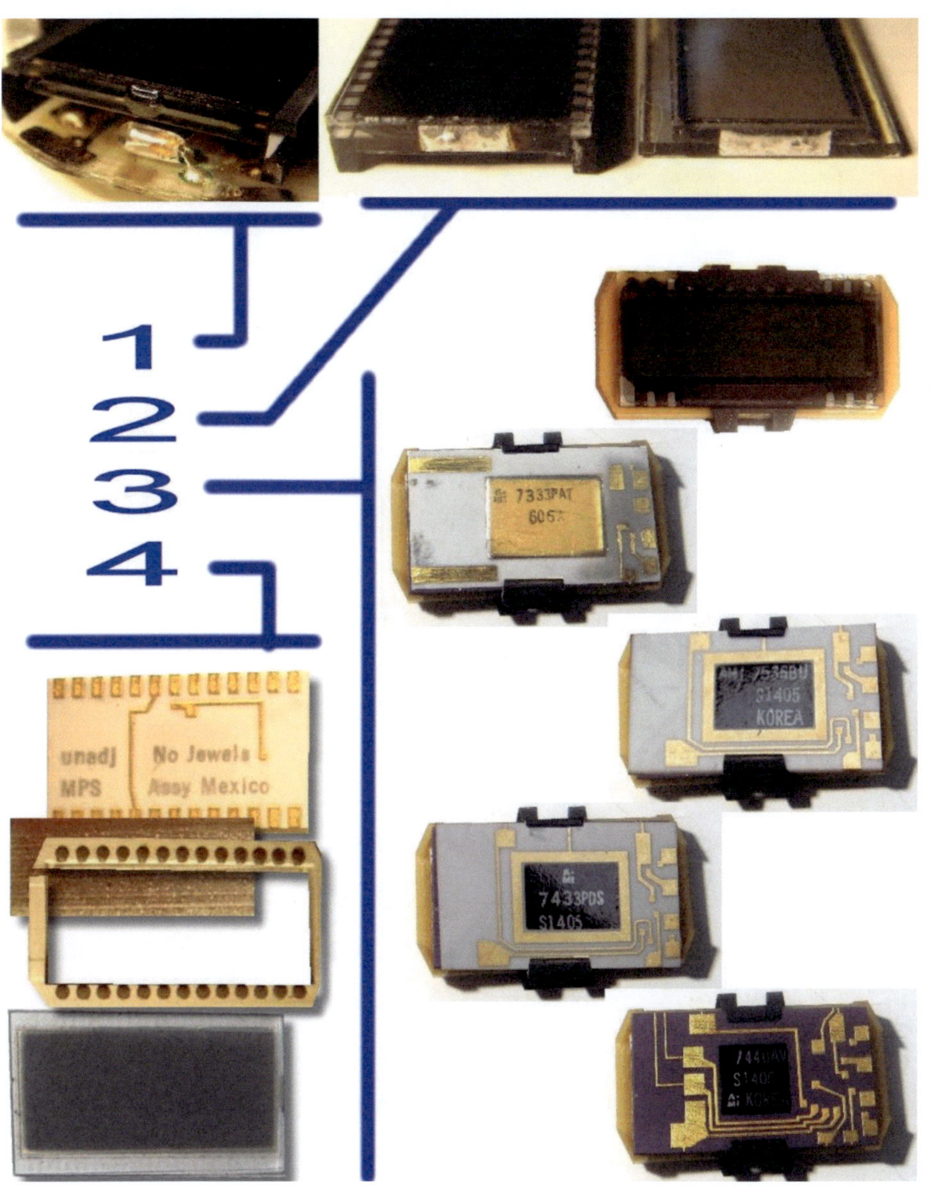

## Bedienungsanleitung und Pflege

1975 haben wir die ersten MEISTER ANKER Uhren in unserem Shop verkauft. Die Uhr war sehr günstig und wurde ein Erfolg. Wir wussten, dass das Uhren-Modul von ILIXCO/AMI hergestellt wurde. Mit den nachfolgenden Seiten (Bedienungsanleitung/Pflegetipps/Geschichte) haben wir als kleines Buch ab Sommer 1976 für Aufklärung gesorgt.

In 1975 we sold the first MEISTER ANKER watches in our shop. The watch was very cheap and became a success. We knew the clock module was made by ILIXCO/AMI. With the following pages (instructions for use/care tips/history) we provided information as a small book from the summer of 1976.

An error can be localized with the voltage specifications. It may be the hours/minutes setting module. Solder joints and contacts can cause problems.

**Erste LCD Uhr mit Field Effect LCD Anzeige von der amerikanischen Firma Gruen Watch Company, Modell Teletime, ca. 1972. Das Modul wurde von der amerikanischen Firma American Microsystems Inc. (AMI) entwickelt und trägt die Kaliberbezeichnung 606. Das Display stammt von Ilixco (International Liquid Crystal Company). Permanente Anzeige von Stunden und Minuten. Kronenverstellung.**

**Ab dem Herbst 1975 wurde die Quartz-Uhr mit Einstellkrone und herausziehbarer Stellwelle vorgestellt. INFO: Digitaluhren nutzen als Taktgeber einen Schwingquarz, der durch elektrische Spannung zum Schwingen gebracht wird. Diese Schwingungen werden dann in einem Sekundentakt übersetzt und durch einen elektrischen Impuls an die Anzeige der Digitaluhr übermittelt. Die MEISTER ANKER Uhr mit der Bestell-Nummer 046.240 ist eine der letzten Uhren mit Krone. Um 1973 wurde dieses Laufwerk berelts vorgestellt, u.a. in GRUEN Uhren und kosteten 150 Dollar.**

**Die Krone befindet sich in der normalen Ausgangsstellung. Nun die Krone nach unten drehen, bis zum Anschlag. Die Stunden reagieren.**

# Einstellung der Minuten

**Die Krone ist in der Ausgangs- stellung.**

**Die Krone heraus- ziehen.**

**Die Krone nach oben drehen. Die Mi- nuten reagieren.**

**Die Krone nach der Einstellung nach unten zurück drehen.**

**Die Krone zurück zum Gehäuse drücken.**

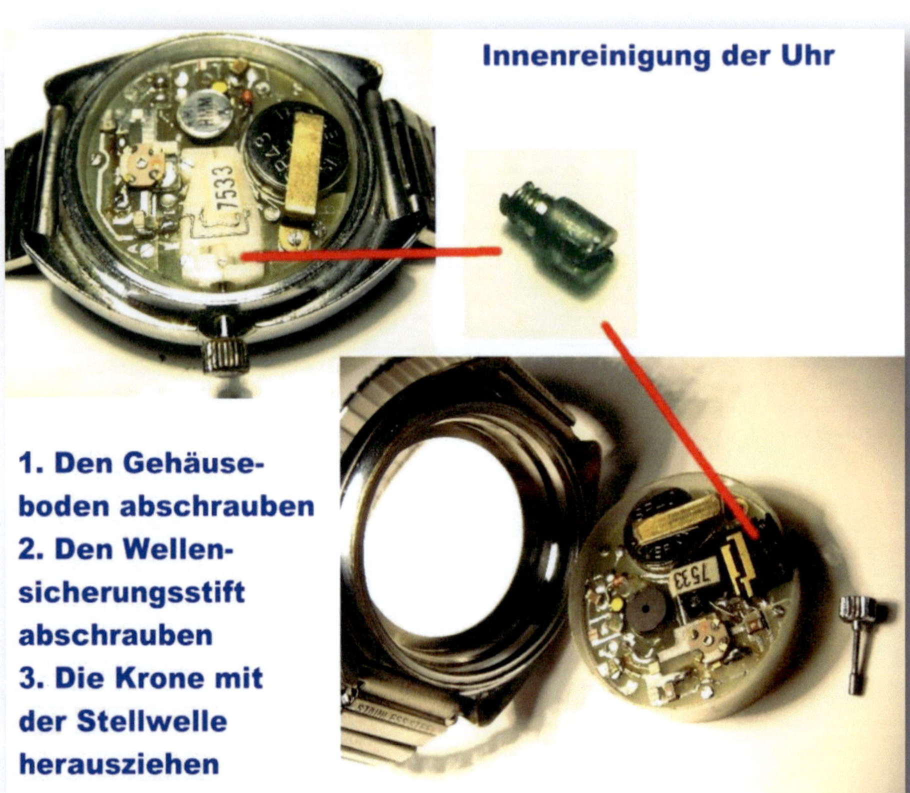

1. Den Gehäuse-
boden abschrauben
2. Den Wellen-
sicherungsstift
abschrauben
3. Die Krone mit
der Stellwelle
herausziehen

# Der Sicherungsstift

**Der Sicherungsstift ist gleichzeitig bei der Einstellung
von Stunden und Minuten der Kontaktanschlag.
Wird er durch zu starkes verstellen abgebrochen, ist
eine Zeiteinstellung nur noch schwer durchzuführen,
aber möglich.**

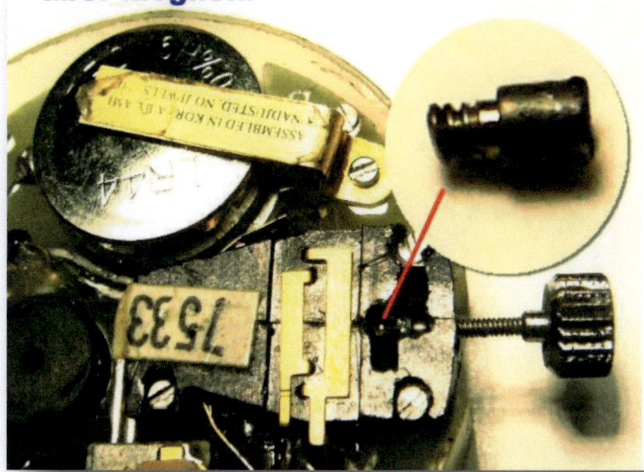

# Das Laufwerkmodul
# AMERICAN MICROSYSTEMS Inc. mit Display von ILLIXCO.
# (International Liquid Crystal Company)

**Das Modul ist hier in einer MEISTER ANKER Uhr verbaut.**

**1. Die Schraube vom Batteriehalter lösen**

**2. + und - Kontakte reinigen**

**3. Batterie SR 43 einlegen**

**4. Die Schraube festziehen**

**Bemerkung: Eine AG 12 Batterie hat eine Spannung von 1,5 Volt und kann auslaufen. Eine SR 43 ist ene Silberoxid Batterie und läuft nicht aus. Sie besitzt 1,55 Volt. Die Anzeige hat mehr Kontrast.**

# Schwacher Kontrast der Anzeige

**Geringste Ablagerungen auf den Batteriepolen lassen den Kontrast der Anzeige schwach werden trotz neuer Batterie. Bei 1,48 Volt ist die Anzeige schwach, bei 1,4 Volt ist die Uhrzeit nicht mehr sichtbar. Hierzu mit einem Glas faserstift die Kontakte reinigen und mit Kontaktspray besprühen, um diese Übergangswiderstände zu beseitigen.**

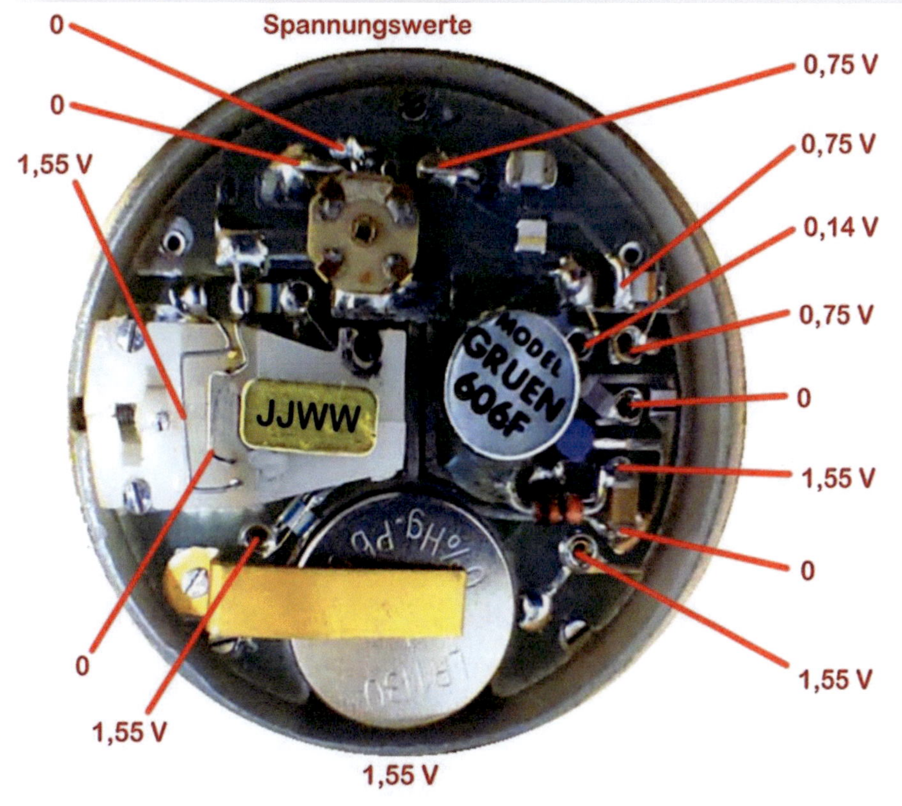


**Defekte - Wenn die Uhr nichts mehr anzeigt, kann eine Lötstelle das Problem sein. Kontaktprobleme kommen am Batterieanschluss vor, sowie an den Federn und den Kontakten zum Display. Nicht selten gibt es Kontaktprobleme im Einstell-Modul. Die Spannungswerte können den Fehler eingrenzen.**

**Tipps von Uwe H. Sültz, Ing.**

**Bedienungsanleitung, Batteriewechsel und Reparaturtipps**

# QUELLE LCD Armbanduhr
# Bestell-Nr. 046.240
# Erstausgabe 1975

## DESIGN SÜLTZ & der Quelle Shop 1975

Meine Frau und ich gehören zu der Generation, die die ersten LED- und LCD Quarzuhren miterlebt haben. Meine Frau gönnte sich 1972 eine LED Uhr von Quelle, ich kaufte im Mai 1973 die TELETIME von GRUEN. Im Herbst 1975 bestellte ich dann die MEISTER ANKER zu 98 DM, so wie abgebildet auf dem Umschlag. So richtig Freude hatte ich nicht, sie musste 2x zur Reparatur eingesendet werden. Beim dritten Ausfall übernahm ich selbst das Problem. Die zerlegte Uhr bestand aus dem Gehäuse, dem Modul und dem… ja, bleiben wir beim Ziffernblatt, obwohl es nur bei analogen Uhren so genannt wird. Und zu diesem Ziffernblatt hatten wir 1975 unsere Geschäftsidee, die gut einschlug.

Von 1972 bis zum letzten Modul 1975/76 wurde am Aufbau nur wenig verändert. Der Einstellmechanismus ist verbessert worden. Er bleibt aber das Hauptproblem der Uhr. Für ILIXCO/AMI war es wohl die letzte Möglichkeit, diese Module „loszuwerden". Denn LCD Uhren mit Krone waren überholt. Aber für uns begann ein ganz neues Geschäftsmodell… DESIGN SÜLTZ wurde geboren. Auf der nächsten Seite ist der damalige QUELLE Shop zu sehen. Am Haus entlang gab es unser privates Armbanduhren-Museum.

DESIGN SÜLTZ & the source shop 1975

My wife and I belong to the generation that witnessed the first LED and LCD quartz watches. In 1972, my wife treated herself to a Quelle LED watch, and in May 1973 I bought the GRUEN TELETIME. In autumn 1975 I then ordered the MEISTER ANKER for 98 DM, as shown on the cover. I wasn't really happy, it had to be sent in twice for repair. On the third failure, I took over the problem myself. The disassembled watch consisted of the case, the module and the... yes, let's stick with the dial, although it is only called that in analog watches. And we had our business idea for this dial in 1975, which was a hit.

From 1972 to the last module in 1975/76, only a few changes were made to the structure. The adjustment mechanism has been improved. But it remains the watch's main problem. For ILIXCO/AMI it was probably the last chance to "get rid" of these modules. Because LCD watches with a crown were outdated. But a whole new business model began for us... DESIGN SÜLTZ was born. The QUELLE shop at that time can be seen on the next page. Along the house there was our private wristwatch museum.

SÜLTZ QUELLE SHOP ab 1975. Hinter dem Shop auf der rechten Seite gab es von 1975 bis 2015 das private Uhren-Museum von DESIGN SÜLTZ. Von der ersten LCD Armband-Uhr an war alles zu sehen. SÜLTZ sammelte nur LCD Uhren.

Here is the source of advertising for the 1975 Quelle catalogue:

Aber zunächst einmal möchte ich allen
Uhren-Liebhabern zeigen, was es in den
Jahren 1972 bis 1975 noch so alles zu
kaufen gab, wie die Mode war, aber
auch andere Uhren. Nichts leichter als
dies, denn die alten Quelle Kataloge
sind noch vorhanden. Die Uhren aus

den 1970er Jahren funktionieren immer noch. Wie wir
heute aussehen, ist auf der letzte Seite zu sehen. Hier
zuerst Bilder, wie wir in den 70ern aussahen.

But first of all, I would like to show all watch lovers what was still available
to buy in the years 1972 to 1975, what the fashion was, but also other
watches. Nothing easier than this, because the old source catalogs are still
available. Here first pictures of what we looked like in the 70s.

## Wir starten mit dem Quelle Katalog aus dem Jahr 1972:

We start with the source catalog from 1972:

① **Die Maschenmode dieser Saison** ist jung in der Linie und aufregend schick in Farbstellung und Dessin! Hier eine Rippenstrick-Kombination die ebensogut zur sportlichen Hose wie zum mädchenhaft schwingenden Rock getragen werden kann. Der klassische Rollkragenpullover und der Jacquard-Pullunder im aktuellen Westencharakter mit Knopfblende und Zierknöpfen sind aus pflegeleichtem ACRYL.

| Größen | 38 | 40 | 42 | 44 | DM |
|---|---|---|---|---|---|
| grün original | 47851 | 47852 | 47853 | 47854 | 49.50 |

② **Dieser junge, flott schwingende Rock** ist eine der idealen Ergänzungen zur Strick-Kombination Abb. 1. Aus ACRYL, pflegeleicht und angenehm im Tragen.

| Größen | 38 | 40 | 42 | 44 | DM |
|---|---|---|---|---|---|
| grün | 25875 | 25876 | 25877 | 25878 | 24.90 |

③ ... HELANCA/ORLON und Wolle, pflegeleicht ... 5.90

④ **Immer beliebter werden attraktive Strick-Kombinationen** wie diese: Uni-Rollkragenpullover und Pullunder mit modischem V-Ausschnitt und breitem, elastischem Bund. Ringel in aparter Farbstellung ACRYL.

| Größen | 36 | 38 | 40 | 42 | 44 | DM |
|---|---|---|---|---|---|---|
| rot original | 25833 | 25834 | 25835 | 25836 | 25837 | 45.- |

⑤ **Aktuell geschnittene Strickhose** aus hochwertigem, pflegeleichtem ORLON-Romanit. Ausgestellte Beinweite. Gummibund.

| Größen | 36 | 38 | 40 | 42 | 44 | DM |
|---|---|---|---|---|---|---|
| rot | 53128 | 21717 | 21718 | 21719 | 53129 | 29.90 |

⑥ **Immer schick und sportlich wirkt ein Rollkragenpullover!** Hier ein Modell mit sehr schönem Streifenmuster in Rippenstrickart. Aus pflegeleichtem LEACRIL.

| Größen | 38 | 40 | 42 | 44 | DM |
|---|---|---|---|---|---|
|  |  | 25806 | 45897 | 45938 | 24.90 |

**Quelle**
INTERNATIONAL
EUROPAS GRÖSSTES VERSANDHAUS
8510 FÜRTH 500

young
club
High-Riser 20"
Luxusausführung!
Mit Vorderrad-
Trommelbremse
Komplettpreis!
Mit Licht
und Stütze ab 149
Knaben-Super-Leichtsportrad 24"
„Original-MARS"
Knaben-Super-Leichtsportrad 24",
Normalspur „Original-MARS". Eine Spitzen-
ausführung! Rassiger Präzisions-Stahlrohrrah-
men. Doppelfelgenbremse. 3-Gang-Ketten-
schaltung. Italienischer Lenkerbügel. ver-
chromter Gepäckträger mit moderner Be-
leuchtung und Seitenstütze
rot 01360 | silber 01361 | DM 149.-
„MARS"-Rennsportrad 28", mit 10-Gang-
Kettenschaltung. Doppelfelgenbremse. BSA-
Tretlager. Rennpumpe. Mit kompletter Spezial-
Rennbeleuchtung. Hochflanschnaben. Rennlenker. Pedale mit Rennhaken und Riemen.
Bestell-Nr. 01739 | DM 198.-
„MARS"-Rennsportrad 28". Der richtige
Renner für die Jugend. Erstklassiges Mar-
kenerzeugnis mit 5-Gang-Kettenschaltung. Extra
leichter Rahmen, Rennlenker, Doppelfelgen-
bremse, Rennsattel, Rennpedale, verchromte
Felgen, Gepäckträger, Spezial-Rennbeleuch-
tung und Parkstütze.
Bestell-Nr. 02007 | DM 179.-

MARS
High-Riser: Extra...
...da werden sogar die „Großen" neidisch
Exklusiv von Quelle
Amerikas Super-Hit
„Rallye Cross"!
MARS-High-Riser 20"
„Rallye"
MARS-High-Riser 20"
„Rallye", für Mädchen
MARS-Top-Riser 20"
MARS-High-
Riser 20"
„Rallye-Cross"
Komplettpreis
mit Licht
und Stütze
ab 149.-
Komplettpreis
mit Licht
u. Stütze ab 159.-
Komplettpreis
mit Licht
und Stütze 229.-
Komplettpreis
mit Licht
u. Stütze 215.-
Bestell.-Nr. 177.061        DM 29.50
MARS „Super" Herren-Leichtlauf-Sport-
rad mit 5-Gang-Kettenschaltung.
Bestell-Nr. 011.642  aubergine  DM 225.-
MARS „Super" Herren-Leichtlauf-Sport-
rad mit 10-Gang-Kettenschaltung.
Bestell-Nr. 011.643  aubergine  DM 245.-
MARS „Luxus" Damen-Leichtlauf-Sport-
rad mit F&S-3-Gang-Rücktrittbremsnabe.
Bestell-Nr. 011.657  orange  DM 249.-
MARS „Luxus" Herren-Leichtlauf-Sport-
rad mit F&S-3-Gang Rücktrittbremsnabe.
Bestell-Nr. 011.640  azurblau  DM 245.-
29.50
Fahrrad-Mofa-Radio
„Hot-Poppy"
MARS  Leicht-Läufer für sportliches Rad
MARS-Leichtläufer und Halbrenner 26-28"
Serienmäßig mit F & S-3-Gang-Rücktrittbremsnabe,
MARS-
Damen-Leichtlauf-
Sportrad 26"
„LUXUS"
MARS-
Herren-Leichtlauf
Sportrad 26"
„SUPER"
MARS-
Herren-Leichtlauf
Sportrad 26"
„LUXUS"

29.80
19.90
19.90
19.90
Schlenkerbär,
ca. 60 cm
19.90
Größe ca. 45 cm
12.90
Das wünschen sich kleine Fußball-Fans!
PHILIPS
Quelle
Chemie
Experimentierkasten
28280
Werkzeugkoffer
21.90
49.90
SPIELESAMMLU
20 beliebte S
Heimfußballspiel 45.-
Quelle 577
15.90
n Vortei
PRIVILE

STEREO
Neu!
Stereo 2000 electronic
30 Watt Musikleistung
5 UKW-Stationstasten
komplett mit
2 Hi-Fi-Klangstrahlern
Stereo 6000 Hi-Fi
80 Watt Musikleistung
398.-
1075.-
Neu!
598.-   618.-
Anzahlung 60.-   in Schleiflack, weiß
660.-
Studio 2002, Reise-/Heimportable in moderner Studioform

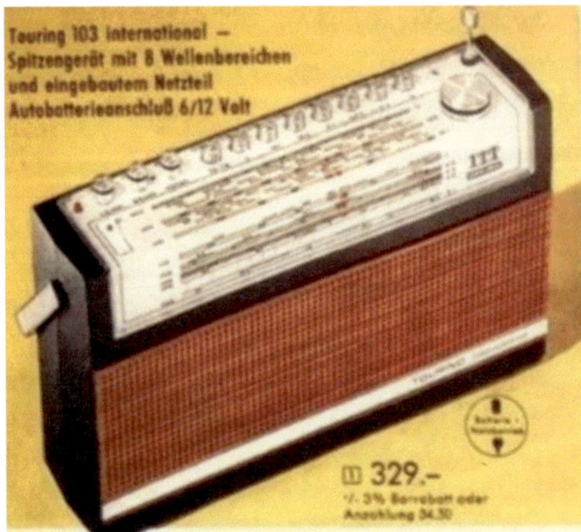

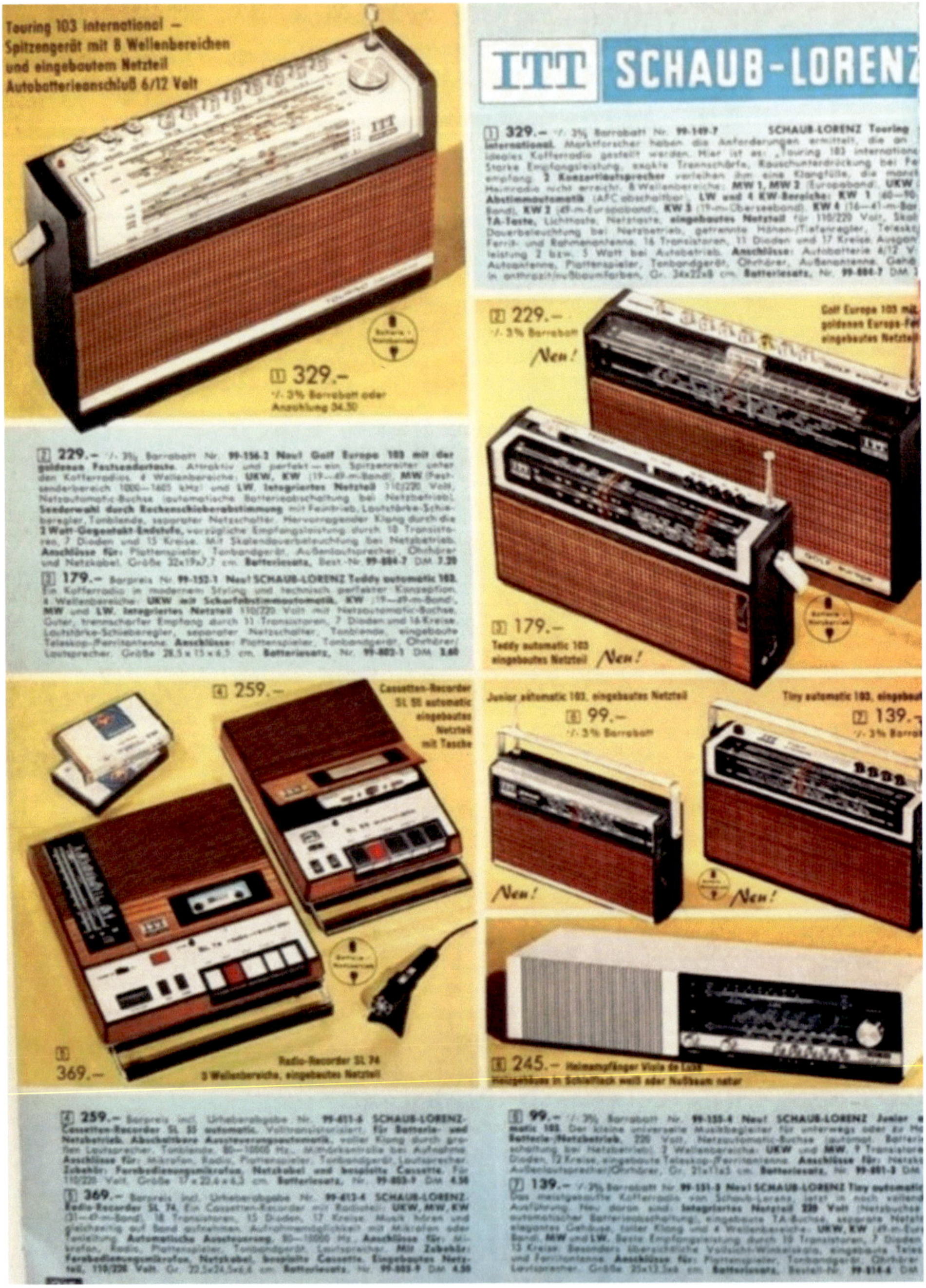

[2] **229.–** –/. 3% Barrabatt Nr. **99-156-2** Neu! **Golf Europa 103** mit der **goldenen Festsendertaste.** Attraktiv und perfekt – ein Spitzenreiter unter den Kofferradios. 4 Wellenbereiche: **UKW, KW** (19–49-m-Band), **MW** (Festsenderbereich 1000–1605 kHz) und **LW. Integriertes Netzteil** 110/220 Volt, Netzautomatic-Buchse (automatische Batterieabschaltung bei Netzbetrieb). **Senderwahl durch Rechenschieberabstimmung** mit Feintrieb. Lautstärke-Schieberegler, Tonblende, separater Netzschalter. Hervorragender Klang durch die **3 Watt-Gegentakt-Endstufe,** vorzügliche Empfangsleistung durch 10 Transistoren, 7 Dioden und 15 Kreise. Mit Skalenüberbeleuchtung bei Netzbetrieb. **Anschlüsse für:** Plattenspieler, Tonbandgerät, Außenlautsprecher, Ohrhörer und Netzkabel. Größe 32x19x7,7 cm. **Batteriesatz,** Best.-Nr. **99-804-7** DM 7.20

[3] **179.–** Barrabatt Nr. **99-152-1** Neu! SCHAUB-LORENZ **Teddy automatic 103.** Ein Kofferradio in modernem Styling und technisch perfekter Konzeption. 4 Wellenbereiche: **UKW** mit **Scharfsinnstimmautomatik, KW** (19–49-m-Band), **MW** und **LW. Integriertes Netzteil** 110/220 Volt mit Netzautomatic-Buchse. Guter, trennscharfer Empfang durch 11 Transistoren, 7 Dioden und 16 Kreise. Lautstärke-Schieberegler, separater Netzschalter, Tonblende, eingebaute Teleskop-/Ferritantenne. **Anschlüsse:** Plattenspieler, Tonbandgerät, Ohrhörer, Lautsprecher. Größe 28,5 x 15 x 6,5 cm. **Batteriesatz,** Nr. **99-802-1** DM 3.60

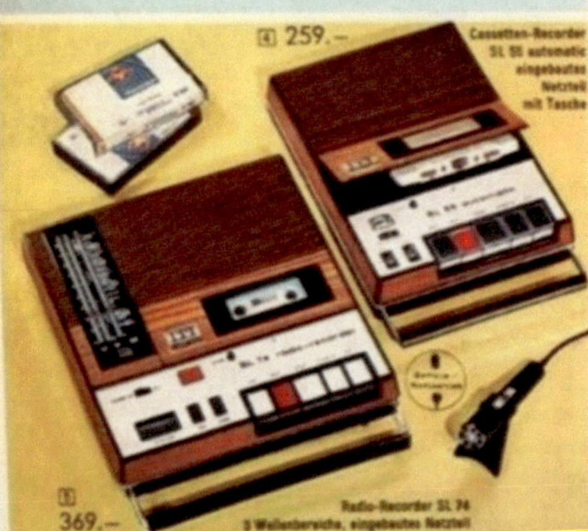



[4] **259.–** Barpreis incl. Urheberabgabe Nr. **99-611-6** SCHAUB-LORENZ **Cassetten-Recorder SL 55 automatic.** Volltransistorisiert. Für **Batterie- und Netzbetrieb.** Abschaltbare Aussteuerungsautomatik, voller Klang durch großen Lautsprecher, Tonblende, 80–10000 Hz. Mithörkontrolle bei Aufnahme. **Anschlüsse für:** Mikrofon, Radio, Plattenspieler, Tonbandgerät, Lautsprecher. Zubehör: Fernbedienungsmikrofon, Netzkabel und bespielte Cassette. Für 110/220 Volt. Größe 17 x 23,4 x 6,3 cm. **Batteriesatz,** Nr. **99-803-9** DM 4.50

[5] **369.–** Barpreis incl. Urheberabgabe Nr. **99-613-4** Ein Cassetten-Recorder mit Radio. SCHAUB-LORENZ **Radio-Recorder SL 74.** 3 Wellenbereiche: **UKW, MW, KW** (31–49-Band), 18 Transistoren, 15 Dioden, 17 Kreise. Musik hören und gleichzeitig aufnehmen. Voller Klang durch großen Lautsprecher. Tonblende. **Automatische Aussteuerung,** 80–10000 Hz. **Anschlüsse für:** Mikrofon, Radio, Plattenspieler, Tonbandgerät, Lautsprecher. Mit Zubehör: Fernbedienungsmikrofon, Netzkabel, bespielte Cassette. Eingebautes Netzteil, 110/220 Volt. Gr. 22,5x24,5x6,4 cm. **Batteriesatz,** Nr. **99-803-9** DM 4.50





[1] **329.–** –/. 3% Barrabatt Nr. **99-149-7** SCHAUB-LORENZ **Touring 103 international.** Marktforscher haben die Anforderungen ermittelt, die an ein ideales Kofferradio gestellt werden. Hier ist es: „Touring 103 international". Starke Empfangsleistung, exakte Trennschärfe, Rauschunterdrückung bei Fernempfang. **2 Konzertlautsprecher** verleihen ihm eine Klangfülle, die manches Heimradio nicht erreicht. 8 Wellenbereiche: **MW 1, MW 2** (Europaband), **UKW** mit **Abstimmautomatik** (AFC abschaltbar), **LW und 4 KW-Bereiche: KW 1** (60–90-Band), **KW 2** (49-m-Europaband), **KW 3** (19-m-Überseeband), **KW 4** (16–41-m-Band). **TA-Taste,** Lichttaste, Netztaste, **eingebautes Netzteil** für 110/220 Volt, Skalen-Dauerbeleuchtung bei Netzbetrieb, getrennte Höhen-/Tiefenregler, Teleskop-, Ferrit- und Rahmenantenne, 16 Transistoren, 11 Dioden und 17 Kreise. Ausgangsleistung 2 bzw. 5 Watt bei Autobetrieb. **Anschlüsse:** Autobatterie 6/12 V, Autoantenne, Plattenspieler, Tonbandgerät, Ohrhörer, Außenantenne. Gehäuse in anthrazit/nußbaumfarben, Gr. 34x22x8 cm. **Batteriesatz,** Nr. **99-806-2** DM 7.20



[6] **99.–** –/. 3% Barrabatt Nr. **99-155-4** Neu! SCHAUB-LORENZ **Junior automatic 103.** Der kleine universelle Musikbegleiter für unterwegs oder zu Hause. **Batterie-/Netzbetrieb.** 220 Volt, Netzautomatic-Buchse (automat. Batterieabschaltung bei Netzbetrieb). 2 Wellenbereiche: **UKW** und **MW.** 7 Transistoren, Dioden, 12 Kreise, eingebaute Teleskop-/Ferritantenne. **Anschlüsse für:** Netzkabel, Außenlautsprecher/Ohrhörer, Gr. 21x11x5 cm. **Batteriesatz,** Nr. **99-801-3** DM

[7] **139.–** –/. 3% Barrabatt Nr. **99-151-5** Neu! SCHAUB-LORENZ **Tiny automatic 103.** Das meistgekaufte Kofferradio von Schaub-Lorenz, jetzt in noch vollendeter Ausführung. Neu daran sind: **integriertes Netzteil 220 Volt** (Netzbuchse, automatischer Batterieabschaltung), eingebaute TA-Buchse, separater Netzschalter, elegantes Gehäuse, voller Klang und 4 Wellenbereiche: **UKW, KW** (49-m-Europa-Band), **MW** und **LW.** Beste Empfangsleistung durch 10 Transistoren, 7 Dioden, 15 Kreise. Besonders übersichtliche Vollsicht-Winkelskala, eingebaute Teleskop- und Ferritantenne. **Anschlüsse für:** Plattenspieler, Tonbandgerät, Ohrhörer, Lautsprecher. Größe 35x13,5x6 cm. **Batteriesatz,** Bestell-Nr. **99-814-6** DM

Im Sommer kam dann der neue Katalog, der ab Herbst 1975 gelten wird. In diesem Umschlag wurde er geliefert:

The new catalogue, which will be valid from autumn 1975, came out in the summer. It was delivered in this envelope:

Ein paar Eindrücke auch aus dieser Zeit 1975:

A few impressions from that time in 1975:

Herbst
Winter
75/76
198.-
Quelle
RNATIONAL
OPAS GRÖSSTES VERSANDH
149.-

Mode '75
Frühjahr/Sommer
Bluse
49,-
Vollwaschbar
NELE
TREVIRA
Kleid
89,-
Popeline
Rock
47.50
Bluse
Rock
39.90

Strand-Sets
rassig
und schick
Strandhose und Bolero
49.-
Diolen
Baumwolle
32.90
10.90
39.90
23.90
37.90
Strandhut
11.90
11.90
Quelle 127

19.90
12.90
14.90
9.90
19.90
Elegante
Hemden-
mode

HOCKERLEUCHTEN STILVOLL UND SCHICK
HOCHAKTUELL HOCKER-LEUCHTEN
① 159.-
② 115.-
③ 159.-
④ 115.-
⑤ 159.-
Farbglasfüße beleuchtet
225.-
179.-
39.90
34.50
59.50
47.50
198.-
9.90
98.-
16.50
59.-
27.50
75.-
98.-
25.90
65.-
①–⑤ Glas-, Sessel- u. Hockerleuchten mit beleuchteten Glasfüßen
①  . 1 + D.1 + A.H 130   99071  159.-
②  . 1 + D.1 + A.H  80   99066  115.-
③  . 1 + D.1 + A.H 130   99073  159.-
④  . 1 + D.1 + A.H  80   99070  115.-
⑤  . 2 + D.1 + A.H 130   99067  159.-
⑥ Kristall-Lüster, ⌀ 62 cm
. H  8flg.   99535   DM 198.-
. H 12flg.   99558   DM 245.-
⑦ Kristall-Wandleuchte, Zugschalter
. H 1flg.   51988   DM 26.90
. H 2flg.   51989   DM 42.90
⑧ Schierlack-Stilkrone, ohne Schirme
. D 3flg.  ⌀ 40 cm  99300   65.-
. D 5flg.  ⌀ 45 cm  99618   85.-
⑨ Stil-Wandarm, ohne Schirmchen
. D 1flg.   67751   DM 24.50
⑩ Satz Aufstecker, rot
⌀ 10 cm  19742  1 Stück DM 4.50
⑪ Altdeutsche Krone, ohne Schirme
. D  6flg.  ⌀ 65 cm  99621   98.-
. D  8flg.  ⌀ 65 cm  99622  115.-
. D 10flg.  ⌀ 72 cm  99623  139.-
⑫ Altdeutsche Wandleuchte, 2flg.
⑬ Flämische Krone, ohne Schirmchen
. D.  6flg.  ⌀ 58 cm  99861   85.-
. D.  8flg.  ⌀ 58 cm  99864  115.-
. D. 10flg.  ⌀ 70 cm  99865  135.-
⑭ Flämische Wandleuchte, 2flg.
. D. o. Schirme  70961   DM 27.50
⑮ Aufsteck-Schirmchen, Kalbsleder imitat.
87887   2 Stück DM 16.50
⑯ Nußbaum-Krone, 8flg.  ⌀ 70 cm
. A/klar   99957   DM 138.-
⑰ Altdeutsche Clubleuchte, 2flg.
. A. H. 160 cm  99337   DM 98.-
⑱ Satin-Rockschirm, Höhe 10 cm
⌀ 65 cm   99032   DM 59.-
⑲ Nußbaum-Clubleuchte, 2flg.
. A. H. 150 cm  99343   DM 75.-
⑳ Leinen-Clubschirm, Höhe 45 cm
⌀ 55 cm   99039   DM 65.-
Glas-Tischleuchte, Höhe 45 cm
. 1 + A 1 + D/klar  99294   DM 25.90
Holz-Hockerleuchte, Höhe 85 cm
. A. Höhe 85 cm  99174   DM 225.-
Holz-Hockerleuchte
. A. Höhe 85 cm  99210   DM 179.-
Keramik-Hockerleuchte
. A. Höhe 70 cm  99172   DM 125.-

**① Polstergarnitur DM 998.–**

Lose Sitz- und Rückenkissen aus Schaumstoff mit Knopfheftung und Reißverschluß. Seitenteile mit Schnallenverzierung. Bezugstoff: strukturiertes NYLON, 100% Polyamid, beige oder braun. Unterfederung Nosag-Federn mit Schaumstoff abgedeckt. Couch vorn mit Chromrollen, hinten mit Chromfüßen. Sessel fahr- und drehbar. Sofa 4sitzig. Breite ca. 220, Tiefe ca. 82, Höhe ca. 82 cm.

| | | |
|---|---|---|
| beige 05598 | braun 05639 | DM **480.-** |

**Polstersessel:** B. ca. 88, T. ca. 82, H. ca. 82 cm.

| | | |
|---|---|---|
| beige 05640 | braun 05643 | DM **259.-** |

**②③ Wohnzimmerschrank,** ca. 300 cm breit. Ausführung: Korpus Kunststoff weiß. Front: Wenge-Dekor schwarzbraun oder Nußbaum. Hinter den oberen Türen Einlegeböden, darunter durchgehende Buchnische mit zwei Stereoblenden. In der Mitte links eine Tür mit Einlegeboden, hinter den Glastüren ein Einlegeboden, rechts eine Schublade mit Besteckeinsatz, darunter eine Klappe. Daneben Barfach mit Kunststoffboden und Wabenspiegelrückwand. Im Unterteil drei Klappen. Höhe ca. 188 cm, Oberteiltiefe ca. 35 cm, Unterteiltiefe ca. 47 cm.

| | | | |
|---|---|---|---|
| ② Nußbaum | | 08716 | DM **975.-** |
| ③ Wenge | | 08701 | DM **975.-** |

**④ Couchtisch,** in zwei Größen. Nußbaumfarbiges Untergestell, Zargenrahmen mit Chromstahl-Einlage, profilierte Füße. Rauchglasplatte, Höhe ca. 45 cm.

| | | |
|---|---|---|
| Größe ca. 68 × 68 cm | 06048 | DM **155.-** |
| Größe ca. 148 × 68 cm | 06062 | DM **255.-** |

**⑤ Polsterecke ab DM 798.-**
**Polstergarnitur ab DM 968.-**

Rückenkissen, Korpus und eine Seite der Kissen mit unempfindlichem braunem Kunstleder bezogen, die andere Seite mit Bezugstoff im Handweb-Charakter, beige/braun, wie Abb., 100% Viskose. Alle Kissen mit Doppelkeder und Knopfheftung. Unterfederung Nosag-Federn. Watten- und Schaumstoffabdeckung. 2- und 3sitzige Couch durch Abklappen des Rückens als Schlafcouch verwendbar, mit Bettkasten. Sofa vorn Rollen, hinten Chromfüße. Sessel fahr- und drehbar durch Kugelrollen. Alle Teile ca. 80 cm tief und 81 cm hoch.

| | | | |
|---|---|---|---|
| 2sitzig | Br. ca. 156 cm | 07244 | DM **348.-** |
| 3sitzig | Br. ca. 215 cm | 07261 | DM **[illegible]** |

---

| | | |
|---|---|---|
| weiß | 06400 | **119.-** |
| Größe ca. 145 × 60 cm | | |
| weiß | 06403 | **189.-** |

**⑦ Polsterecke ab DM [illegible]**
**Polstergarnitur ab DM [illegible]**

[...] Seite der Kissen [...] DRALON-Velours, [...] andere Seite der Kissen [...] braunem Streifendessin, [...] keder und Knopfheftung. [...] sag-Federn mit Schaumstoff [...] vorn Rollen, hinten Chromfüße, [...] und drehbar. Alle Teile ca. [...] ca. 84 cm hoch.

| | | |
|---|---|---|
| 2sitzig | Br. ca. 131 cm | [...] |
| 3sitzig | Br. ca. 181 cm | [...] |
| 4sitzig | Br. ca. 218 cm | [...] |
| Sessel | Br. ca. 85 cm | [...] |

**⑧ Couchtisch, auch [Mehrzweck],** zwei Größen. Platte und Zarge [mit] weißem Kunststoffbelag, [...] farbig. Auf Kugelrollen [...] 47 cm.

| | | |
|---|---|---|
| Größe ca. 60 × 60 cm | 06311 | |
| Größe ca. 120 × 60 cm | 06314 | |

**⑨ Polster-Element ab DM 325.–**

Polster-Erweiterung [...] Steckverbindung [...] variabel. Massives Eichenholz beizt. Lose Sitz- und Rückenkissen mit Polyätherschaumstoff [...] schluß. Bezug Rustikaler [...] mit Polyätherschaumstoff, [...] musterung wie Abb., 61% [...] ACETAT. Im Sitz Gummigurte und Trikotabdeckung. Armlehnen separat bestellen. Breite ca. [...] lehnen ca. 88 cm), Tiefe ca. 82 cm, [...] 74 cm.

| | | |
|---|---|---|
| Element | 02622 | |
| Armlehnen-Paar | 02623 | |

**⑩⑪ Rustikale [...]** wand. Aufbau [...]
und Korpus Eiche furniert [...]
brettverungsgefräst. Breite ca. [...] tenblenden ca. 103 cm). Höhe [...]
Tiefe ca. 37/49 cm. Bitte [...]
zum Abschluß der Anbauelemente [...]
tenblenden Abb. 13 mitbestellen.

**⑩ Anbauschrank,** hinter den [...]
zwei Einlegeböden, unten [...]
Bestell-Nummer 03049

**⑪ Anbauschrank,** mit vier [...]
tern, unten eine Schublade [...]
Bestell-Nummer 03050

**⑫ Anbauschrank,** oben [...]
böden, hinter den unteren Türen [...]
wand, darüber ein Fernseh[...]
ca. 70 × 35 × 60 cm)
Bestell-Nummer 03051

**⑬ Anbauschrank,** hinter den [...]
zwei Einlegeböden, unten [...]
Bestell-Nummer 03071

**⑭ Anbauschrank,** hinter den [...]
ein Einlegeboden, in der Mitte [...]
Glaseinlegeböden, unten [...]
Bestell-Nummer 03046

**⑮ Seitenblenden** [...]
abschluß unbedingt zu [...]
Kombination mitbestellen [...]
Seitenblenden 1 Satz 03540

**⑯ Couchtisch,** rustikal [...]
niert. Untergestell und [...]
Eiche. Größe ca. 60 × 60 cm, [...]
Bestell-Nummer 06350

**⑰ Ecktisch,** Ausführung [...]
Größe ca. 60 × 60 cm, rustikal [...]
Bestell-Nummer 06351

**⑱ Couchtisch,** rustikal [...]
niert. Untergestell und [...]
Eiche. Größe ca. 148 × 70 cm, [...]
Bestell-Nummer 06315

Begeisternd in Funktion und Styling
13 51
13 51
59.-
79.-
19.90
49.80
7.90
11.90
12.90
12.90
19.90
39.80
49.80
29.90
9.90
18.90
18.90
13.90
16.90
15.90
15.90

Quartz-Uhren von Quelle
Ein großer Erfolg in Technik und Preis!
129.-
129.-
198.-
498.-
498.-
398.-
279.-
349.-
398.-
44,90
SWISS MADE
Automatic
149.-
99.-
Quarzuhr 189.-
Quelle 445

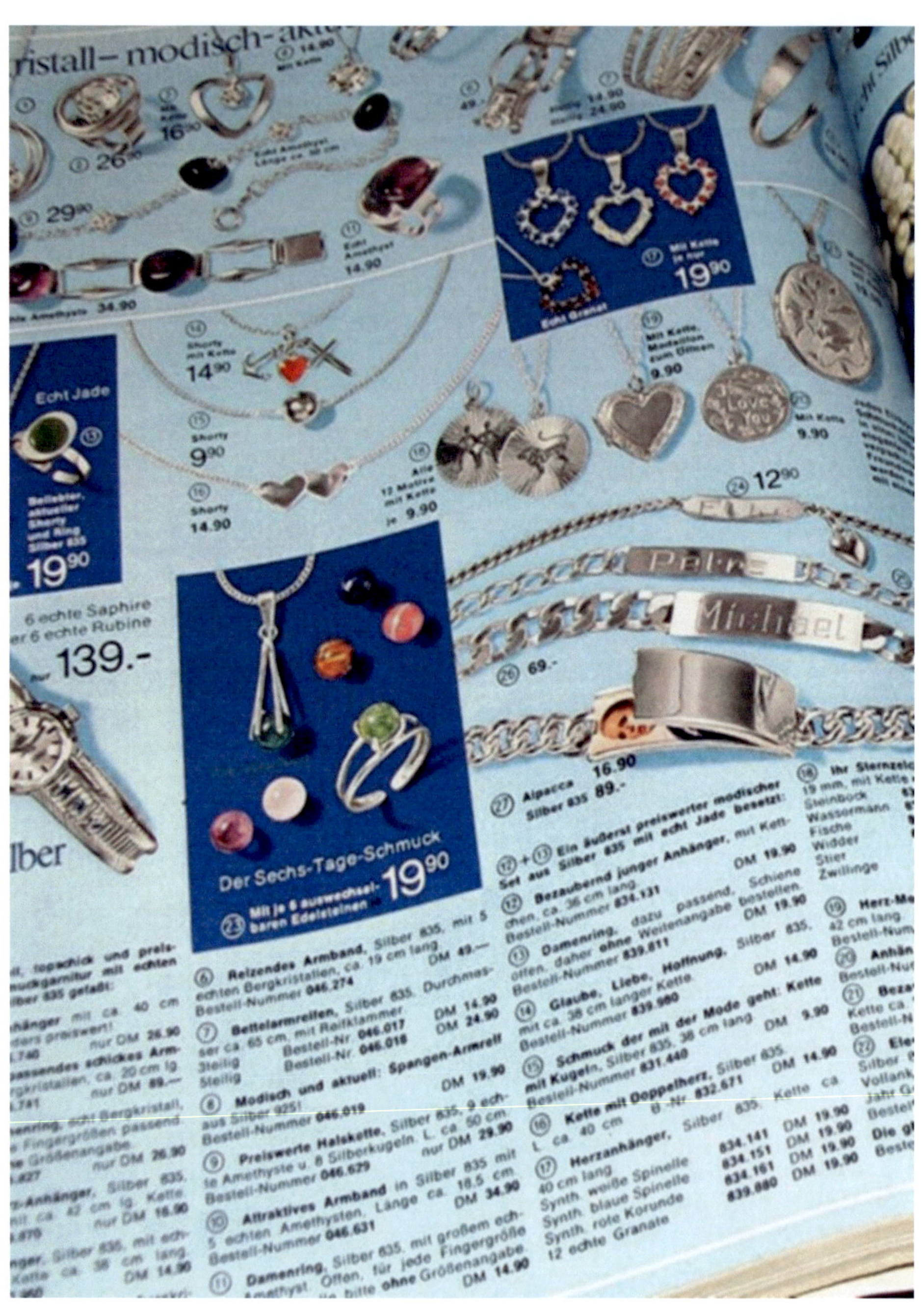
ristall – modisch – aktu...
echt Silb...
16.90
26.90
29.90
Echt Amethyst
Länge ca. 38 cm
34.90
Echt Amethyst
14.90
Echt Granat
Mit Kette
je nur
19.90
Shorty mit Kette
14.90
Shorty
9.90
Shorty
14.90
Echt Jade
Beliebter, aktueller Shorty und Ring Silber 835
19.90
6 echte Saphire oder 6 echte Rubine
nur 139.–
Alle 12 Motive mit Kette
je 9.90
Mit Kette, Medaillon zum Öffnen
9.90
I Love You
Mit Kette
9.90
12.90
Petra
Michael
69.–
Der Sechs-Tage-Schmuck
Mit je 6 auswechsel-baren Edelsteinen
19.90
Alpacca 16.90
Silber 835 89.–
Ihr Sternzei...
19 mm, mit Kette
Steinbock
Wassermann
Fische
Widder
Stier
Zwillinge
Silber
ilber
6 Reizendes Armband, Silber 835, mit 5 echten Bergkristallen, ca. 19 cm lang DM 49.—
Bestell-Nummer 046.274
7 Bettelarmreifen, Silber 835, Durchmesser ca. 65 cm, mit Reifklammer.
3teilig Bestell-Nr. 046.017 DM 14.90
5teilig Bestell-Nr. 046.018 DM 24.90
8 Modisch und aktuell: Spangen-Armreif aus Silber 925! DM 19.90
Bestell-Nummer 046.019
9 Preiswerte Halskette, Silber 835, 9 echte Amethyste u. 8 Silberkugeln. L. ca. 50 cm. nur DM 29.90
Bestell-Nummer 046.679
10 Attraktives Armband in Silber 835 mit 5 echten Amethysten, Länge ca. 18,5 cm DM 34.90
Bestell-Nummer 046.631
11 Damenring, Silber 835, mit großem echten Amethyst. Offen, für jede Fingergröße passend, bitte ohne Größenangabe DM 14.90
12+13 Ein äußerst preiswerter modischer Set aus Silber 835 mit echt Jade besetzt:
12 Bezaubernd junger Anhänger, mit Kettchen, ca. 36 cm lang DM 19.90
Bestell-Nummer 834.131
13 Damenring, dazu passend. Schiene offen, daher ohne Weitenangabe bestellen. DM 19.90
Bestell-Nummer 839.811
14 Glaube, Liebe, Hoffnung, Silber 835, mit ca. 38 cm langer Kette DM 14.90
Bestell-Nummer 839.960
15 Schmuck der mit der Mode geht: Kette mit Kugeln, Silber 835, 38 cm lang DM 9.90
Bestell-Nummer 831.440
16 Kette mit Doppelherz, Silber 835, L. ca. 40 cm B.-Nr. 832.671 DM 14.90
17 Herzanhänger, Silber 835, Kette ca. 40 cm lang
Synth. weiße Spinelle 834.141 DM 19.90
Synth. blaue Spinelle 834.151 DM 19.90
Synth. rote Korunde 834.161 DM 19.90
12 echte Granate 839.880 DM 19.90

Seit Jahren meistgekauft!
Die universellen Kleinen mit
13-cm-UNIVERSUM-Fernseh-Kombination
368.-
mit UKW MW Radio
418.-
mit UKW MW Radio
mit UKW MW Radio
368.-
348.-
mit UKW MW Radio
348.-
388.-
Sonderangebot — solange Vorrat!
388.-

Mit Quelle Color-Portable
Extra Qualität – hart getestet
Und hier noch weitere
typische Quelle-Vorteile:
außergewöhnlich
günstige Preise
modernste „inline"-Technik
beispielhafte Ausstattung
ideale Reisebegleiter
durch eingebaute Teleskop-
antenne und geringes Gewicht
vorbildliche Kundendienst-
Betreuung.
Mit Farbe ins
Olympiajahr
Montreal '76
37 cm
37 cm
865.-
Aufpreis weiß 20.-
775.-
Aufpreis weiß 20.-
afc
sofort Ton
Quelle SERVICE
NORIS BANK
...und die Noris gibt das Geld
VIDEO-COLOR
VIDEO-COLOR
2495.-
inklusive Cassette VC 45
ab 69.-
13900.-
Komplett mit Kamera, VIDEO-Band,
Leerspule, 2 Akkus und Netzladegerät

PRIVILEG-12-Tassen-Kaffee-
automat mit Pfiff. Das akusti-
sche Signal ertönt, wenn Kaffee-
wasser-Durchlauf beendet oder
Gerät verkalkt ist. 750 Watt.
Warmhalteplatte. Überlastungs-
sicherung. Schalter mit Kontroll-
lampe. Zuleitung ca. 1,5 m.
... 1 Jahr 141.001 DM 92.-

PRIVILEG-Kompakt-Kaffee-
automat. Mit Warmhalteplatte u.
Überhitzungsschutz. Im Schalter
Kontrollampe. Zul. ca. 1,5 m. 800 W
... 1 Jahr 8 T. 461.600 65.-
... 1 Jahr 10 T. 461.610 72.50

PRIVILEG-8-Tassen-Kaffee-
automat. Mit Warmhalteplatte,
automatisch nach Durch-
lauf des Kaltwassers auf ... Watt

filter. Heizleistung 750 Watt mit
integrierter Warmhalteplatte. Die
Temperatur wird thermostatisch
gesteuert. Zusätzlicher Überhitzungsschutz. Mit Kontrollampe
im Schalter. Zuleitung ca. 1,3 m.
Garantie 1 Jahr
8 Tassen 298.042 DM 55.-
Garantie 1 Jahr
10 Tassen 566.021 DM 62.-

PRIVILEG-Schlagwerk-Kaf-
feemühle. Mit Sicherheitsdeckel-
schaltung. Leistung 140 W. Zuleitung ca. 1,3 m.
Gar. 1 Jahr 292.230 DM 19.90

PRIVILEG-Sicherheits-Schlag-
werk-Kaffeemühle. Das Fassungs-
vermögen dieser Luxus-Kaffee-
mühle beträgt ca. 50 g. im Dek-

ROWENTA-Kaffeeautomat
mit Goldfilter. Fassungsvermö-
gen 2-10 Tassen. Leistung 900
Watt. Separate Warmhalteplatte
regelbar und beschichtet. Zuleitung ca. 1,5 m.
Werksgar. 1 J. 561.062 129.-

PRIVILEG-Kaffeeautomat.
Leistung 750 Watt. Integrierte
Warmhalteplatte. Thermostati-
sche Regelung der Heizleistung.
Überhitzungsschutz. Hitzebestän-
diger Glaskrug mit Spezial-
Schnellfilter. Zuleitung ca. 1,3 m.
Garantie 1 Jahr
6 Tassen 267.031 DM 39.90
Garantie 1 Jahr
8 Tassen 299.012 DM 45.90
Garantie 1 Jahr

Gerät können Sie jederzeit frischen, schmackhaften Joghurt
zubereiten. Die hübschen Por-
tionsgläschen dienen gleichzeitig zum Servieren. Die beige-
te Joghurtkultur in Pulverform
garantiert frischen Joghurt am
laufenden Band. 25 Watt. Kontrollampe. Zuleitung ca. 1,5 m.
Gar. 1 Jahr 219.710 DM 44.50

Ohne Bild Joghurt-Frischkultur.
Spezial-Joghurtkulturen.
422.740 5 Btl. in 1 Paket 7.9.

ROWENTA-Automatik-Toa-
ster. 1000 Watt Heizleistung. ...
tenlos regelbar. Zul. ca. 1,5 ...
Werksgar. 1 J. 511.520 49.5.

PRIVILEG-Mahlwerk-Kaffee...

50 x 1000 DM zu gewinnen
Machen Sie mit beim großen Rennen um's dicke Geld!
Letzter Einsendetermin: 19.3.76 (Datum des Poststempels)
Heide Rosendahl will Ihnen Glück bringen.
men Sie selbst, wieviel
winnen
Bestellkarte
Unser Spar-Trumpf: Besen, Kehrer und Schaufel nur 9 90

Bereits vor dem Quelle Katalog Herbst 1975 wurden LED/LCD Armbanduhren angeboten. Es war wirklich der letzte Drücker für die AMI/ILIXCO Uhr verkauft zu werden. Obwohl ohne Drücker, sondern mit Krone ;o)

Fast zeitnahe kamen folgende MEISTER ANKER Uhren in die Kataloge:

LED/LCD wristwatches were already offered in the 1975 Fall catalogue. It was really the final push for the AMI/ILIXCO watch to be sold. Although without a pusher, but with a crown ;o)

The following MEISTER ANKER watches appeared in the catalogs almost immediately:

Sehr geehrte Damen und Herren,

Sie gehören zu unseren erfolgreichsten Auftragsmittlern,
wie Ihre Umsatzzahlen in der letzten Saison zeigen.

Dieses hervorragende Ergebnis ist das Resultat Ihres außer-
gewöhnlichen Engagements, für das ich mich bei Ihnen an
dieser Stelle ganz herzlich bedanken möchte.

Natürlich bin ich mir der Tatsache bewußt, daß Ihr
persönlicher Einsatz ganz wesentlich zum Erfolg des Hauses
Quelle beiträgt.

Als sichtbares Zeichen meiner Anerkennung möchte ich
Ihnen hier ein ganz besonderes Exemplar des großen
Quelle-Katalogs für Herbst/Winter überreichen.
Diese hochwertige, gebundene Ausgabe des neuen Katalogs
gibt es nur in einer kleinen Auflage für unsere besten Partner.

Ich wünsche Ihnen viel Erfolg beim Start in die neue Saison
und alles Gute für die Zukunft.

Mit freundlichen Grüßen

**Quelle**
GESCHÄFTSLEITUNG
90750 Fürth

# Wir waren diejenigen, die wohl 1975/76 die meisten AMI/ILIXCO Uhren verkauft haben.

We were the ones who probably sold the most AMI/ILIXCO watches in 1975/76

.

<u>DESIGN SÜLTZ ab 1975</u>

Mit der Veredelung von MEISTER ANKER Uhren begann die Marke DESIGN SÜLTZ. Die Kunden konnten ein vorgegebenes Design der Ziffernblätter wählen oder eigene Ideen mit einbringen (Seite 79/80). Es folgten Automodell-Umbauten und eigene Kreationen. Das PORSCHE Museum wurde aufmerksam und ließ Modelle fertigen. Als der Vertrag zwischen FERRARI und CARTIER endete, fertigte Sültz mit Goldschmiede Meister Langner Goldschmuck an. Eine eigene Kollektion für FERRARI Käufer entstand. Der Schmuck wurde bei Händler AUTO BECKER, DÜSSELDORF, angeboten. Da Goldschmiede-Meister alle Lizenzen besaß, konnten wir individuelle Goldlegierungen herstellen. Das bedeutet, ein Kunde kauft einen FERRARI 348, so kann er seinen Goldschmuck in 348er Gold erhalten.

DESIGN SÜLTZ from 1975

The DESIGN SÜLTZ brand began with the refinement of MEISTER ANKER watches. Customers could choose a given dial design or bring in their own ideas (page 79/80). Car model conversions and own creations followed. The PORSCHE Museum took notice and had models made. When the contract between FERRARI and CARTIER ended, Sültz made gold jewelry with master goldsmith Langner. A separate collection for FERRARI buyers was created. The jewelry was offered by dealer AUTO BECKER, DÜSSELDORF. Because Master Goldsmiths owned all the licenses, we were able to produce individual gold alloys. That means, a customer buys a FERRARI 348, so he can get his gold jewelry in 348 gold.

DESIGN SÜLTZ has been creating car models and jewelry since 1975. The FRITZI brand was invented for the oil paintings.

**Als es noch kein Internet gab, berichteten die Medien TV und Zeitungen über DESIGN SÜLTZ, SÜLTZ ELEK-TRONIK und SÜLTZ BÜCHER.**

When there was no internet, radio, television and newspapers reported about SÜLTZ.

The clocks were dismantled. The dials have been recreated from the back.
Oil paintings needed 3 months drying time.

The photo prints were made in our own photo laboratory with darkroom.

# SÜLTZ ELEKTRONIK ab 1973 bis 2013

In den 1970er Jahren gründeten wir die Marke und den Betrieb SÜLTZ ELEKTRONIK. Meine erste Ausbildung war zum Radio- und Fernsehtechnik, Video und Satellitentechnik kam noch hinzu. Ich studierte später Nachrichtentechnik. Als Meister leitete mein Vater den Betrieb. Wir führten den Reparaturdienst aus. Als 1973 die HiFi-Cassetten-Recorder in Deutschland verkauft wurden, kamen schlecht eingestellte Tonköpfe auf den Markt. Die Recorder stellte NAKAMICHI für ELAC her. Für USA stellte NAKAMICHI neben anderen Firmen für THE FISHER Recorder her. Wir übernahmen auch die Feinjustierung der Geräte. Später veröffentlichte ich AZIMUT-Einstellbücher.

In den 1980er Jahren kam die Satellitentechnik auf. RTL sendete über Satellit. SÜLTZ ELEKTRONIK baute den ersten Receiver in Deutschland. Ebenso in Handarbeit die Satellitenschüssel. Wir empfingen auch Russland. 3 Tage später besuchte uns die Russische Botschaft. Big Brother is watching you.

SÜLTZ ELEKTRONIK from 1973 to 2013

In the 1970s we founded the brand and company SÜLTZ ELEKTRONIK. My first training was in radio and television technology, video and satellite technology was added. I later studied communications engineering. As a foreman, my father ran the business. We carried out the repair service.

When hi-fi cassette recorders were sold in Germany in 1973, badly adjusted tape heads came onto the market. NAKAMICHI made the recorders for ELAC. For the USA, NAKAMICHI made recorders for THE FISHER among other companies. We also took over the fine adjustment of the devices. Later I published AZIMUT setting books.

Satellite technology came along in the 1980s. RTL broadcast via satellite. SÜLTZ ELEKTRONIK built the first receiver in Germany. The satellite dish is also handcrafted. We also received Russia. 3 days later the Russian embassy visited us. Big Brother is watching you.

SÜLTZ BÜCHER brachte Azimut Einstellbücher auf den Markt:

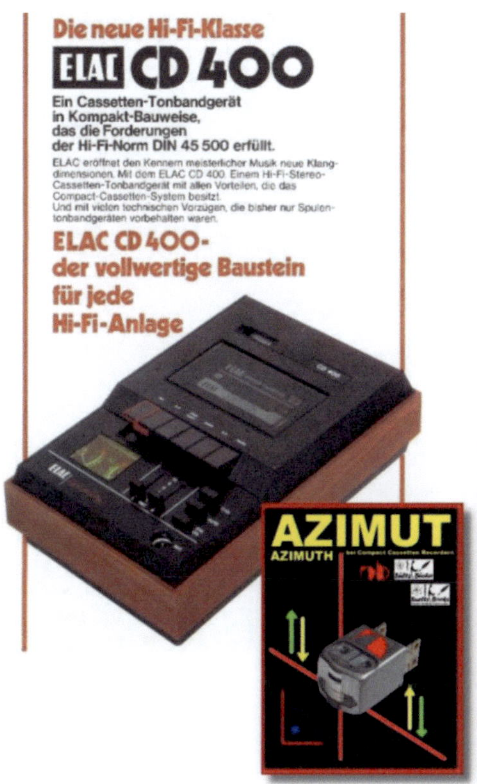

Min Max
1973 Nakamichi
ELAC - THE FISHER - NAKAMICHI
Sültz
Service & Reparatur
Meisterbetrieb seit 1973

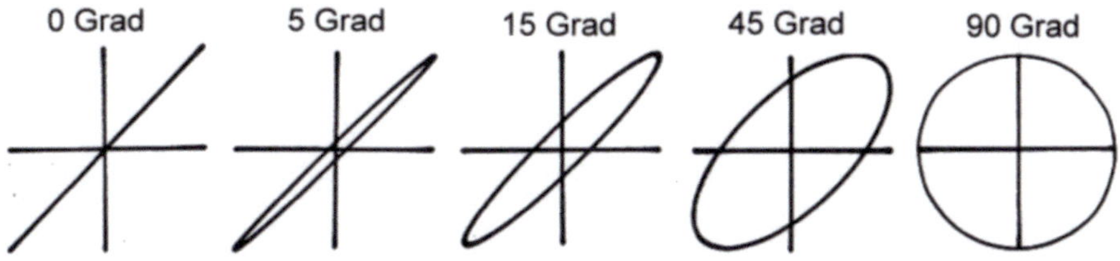


Die Satellitenantenne ist heute noch in Südamerika im Einsatz. Die Empfangsgeräte stehen in einem Museum, bekannter Weise wurde ja die Analogtechnik auf die Digitaltechnik umgestellt.

The satellite antenna is still in use in South America today. The receivers are in a museum, as is well known, the analog technology was converted to digital technology.

# SÜLTZ COMPUTER ELEKTRONIK

In den 1980er Jahren kamen dann Computer auf den Markt. Für Privatleute begann die Computerzeit mit einem COMMODORE C 64. Danach kamen die PCs. Viele wollten ihre Spiele mit auf ihren neuen PC übertragen. In einer Garage entwickelten die Ingenieure Uwe H. Sültz und Udo E. Lange den ersten Konverter dafür. In der damaligen Computer-Zeitschrift C 64 wurde darüber berichtet. Anfragen kamen massenhaft und weltweit.

SÜLTZ COMPUTER ELECTRONICS

Computers came onto the market in the 1980s. For private individuals, the computer age began with a COMMODORE C 64. Then came the PCs. Many wanted to bring their games with them to their new PC. Uwe H. Sültz and Udo E. Lange, both engineers, developed the first converter for this in a garage. It was reported on in the then computer magazine C 64. Inquiries came from all over the world.

## 50 Jahre später

Die Module ILIXCO/AMI funktionieren immer noch. Sie zeigen die Zeit an und sagen, wie die Zeit auch vergeht. Die Uhren haben sich optisch nicht verändert, wir schon. Das ist eben der Zahn der Zeit. Die Uhrensammlung existiert immer noch. Regelmäßig werden die Batterien gewechselt. Nur eingestellt werden sie nicht mehr. Wenn meine Frau fragt, wie spät es ist, antworte ich: „Es ist zwischen 3 Uhr und 15 Uhr, es kann auch zwischen 3 Uhr AM und 3 Uhr PM sein. Wir gehen auf die 70 Jahre zu und Zeit ist egal geworden. Die Uhren melden sich ständig, sie summen, brummen, spielen Melodien, blinken und leuchten ständig, denn sie sind ja nicht eingestellt.

Neben den Uhren haben wir auch die Zeit der Compact Cassetten Recorder miterlebt. Was glauben Sie dazu? Stimmt! Auch hierzu haben wir Sammlungen. 10.000 Cassetten und

300 Recorder stehen hier im Haus. Ende der 1970er Jahre haben wir den Erfinder des ersten Recorders, Lou Ottens,  PHILIPS EL 3300 kennengelernt. Er trug eine DUWARD TELETIME.

Seit 2015 veröffentlichen wir nun weltweit Bücher, die Marke SÜLTZ BÜCHER entstand. Über 700 Buchprojekte sind es mittlerweile. Wir wollen an die Vintage-Zeit erinnern, damit auch später unsere Enkel noch wissen, wer die LCD-Displays erfunden hat und wozu ein Bleistift für eine Compact Cassette benötigt wird.

<u>1972 vs. 2022 The winner is… Teil 2</u>

Zwischen den beiden Uhrenauf der nächsten Seite liegen 50 Jahre. Was erkennen wir? Sie zeigen immer noch die Uhrzeit an. Sie sind immer noch am Handgelenk zu tragen. Und das Wichtigste… sie zeigen die Uhrzeit immer noch auf LCD Liquid Crystal Displays an, genauso wie 1972. Gut, dass James Fergason dises Display entwickelt hat. Viele tragen ja jetzt Internetuhren am Handgelenk, nach 50 Jahren ändert sich jetzt die Technik. Aber immer noch kann man LCD

Armbanduhren erweben. Und immernoch zeigen sie sehr genau die Uhrzeit an. Obwohl es keine Rolle spielt, ob die GRUEN TELETIME, COX QUARZA oder eine andere Marke, mit dem ILIXCO/AMI Laufwerk, auf die Sekunde genau läuft, hauptsache man hat eine Uhr aus den Anfängen der 1970er Jahre. Und nun noch einmal… the winner is James Fergason!

1972 vs. 2022 The winner is… Part 2: There are 50 years between the two clocks on the next page. What do we recognize? They still show the time. They can still be worn on the wrist. And most importantly… they still tell the time on LCD Liquid Crystal Displays, just like they did in 1972. Glad James Fergason came up with this display. Many now wear Internet watches on their wrists, after 50 years the technology is now changing. But you can still buy LCD wristwatches. And they still tell the time very accurately. Although it doesn't matter whether the GRUEN TELETIME, COX QUARZA or another brand with the ILIXCO/AMI movement runs to the second, the main thing is that you have a watch from the early 1970s. And now again… the winner is James Fergason!

Wir wünschen allen Leserinnen und Lesern Gesundheit und Frieden auf der Erde. We wish all readers health and peace on earth. **Renate & Uwe H. Sültz**

# SÜLTZ Museum

Ein Kapitel fehlt doch noch, unser Uhren Museum. Wir sammelten von 1972 bis 2020 Armbanduhren, aber nur LCD Uhren, ein paar LED Uhren sind dabei. Bis zur Abgabe des Verkaufsladens konnten Besucher im hinteren Teil die Uhren ansehen. Danach richteten wir einen Uhren-Reparaturservice ein. Auch bei uns schlug der Klimawandel zu. Ein schwerer Sturm und Massen an Wasser zerstörten das Museum. Mitte 2020 zogen wir in eine andere Stadt. Zum Glück retteten wir vor dem Unglück alle Uhren. Sie sind alle in Koffern verpackt. Aber sie erhalten regelmäßig neue Batterien, das muss sein, denn Batterien können oxidieren und auslaufen. Die nachfolgenden Bilder zeigen fast alle Uhren, zwar ungeordnet, aber sie leben, alle.

SÜLTZ Museum – One chapter is still missing, our watch museum. We collected wristwatches from 1972 to 2020, but only LCD watches, a few LED watches are included. Until the shop was handed over, visitors could look at the clocks in the back. We then set up a watch repair service. Climate change hit us too. A heavy storm and masses of water destroyed the museum. In mid-2020 we moved to another city. Luckily we saved all the watches from the accident. They are all packed in suitcases. But they get new batteries regularly, they have to, because batteries can oxidize and leak. The following pictures show almost all clocks, not in order, but they are all alive.

Das war unser sogenante Sortierständer. Alle neu erwor-
benen und reparierten Uhren warteten auf die Sortierung.

That was our sorting stand. All newly purchased and repaired watches were
waiting to be sorted.

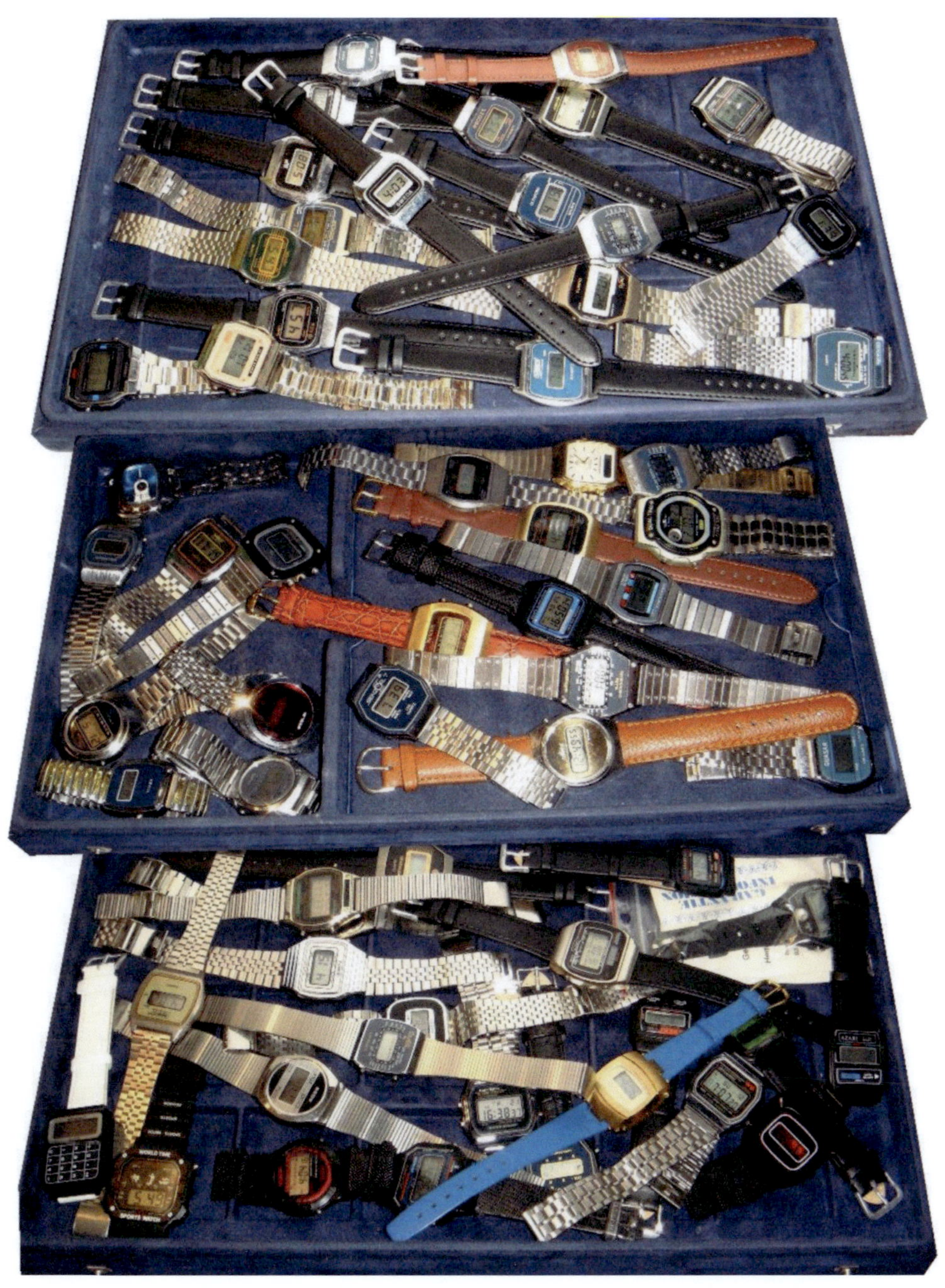

ELECTRONIC
ORGAN
WATCH
New
LCD Watch-
lighter
MICKEY
MOUSE
TOY STORY 4
3+AGES
Mickey Mouse
3+AGES
NO.ZL855
CE
B.N.S.
MARKETING
NETWORK

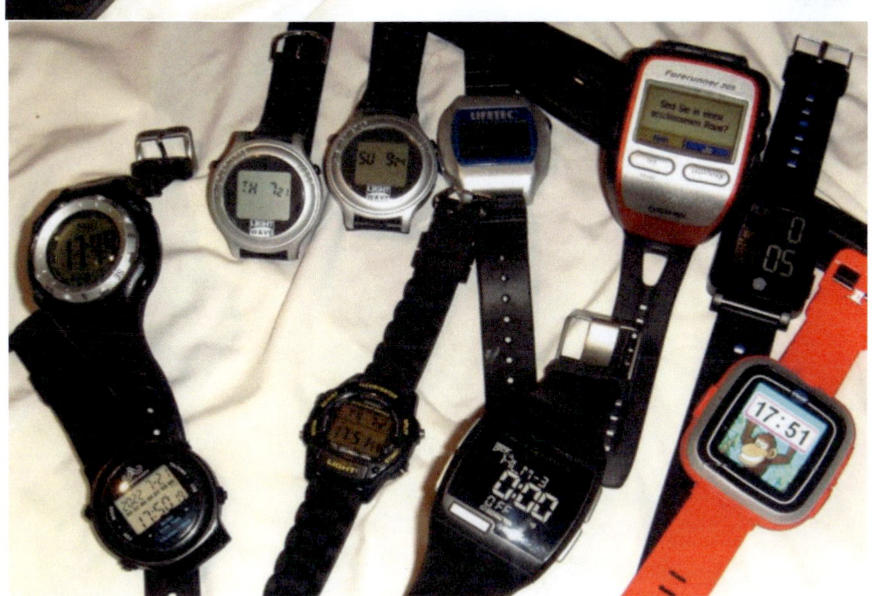

Kidizoom
Cars 3 Uhr mit Kamera
vtech

FM AUTO-SCAN
FM AUTO-SCAN
WITH QUALITY STEREO HEADPHONES
CASIO
SPACE WATCH
SPACE WATCH
TIMING THE FUTURE
TIMING THE FUTURE
TIMEX
CASIO
VINTAGE
SINCE 1974

Die LED und die LCD-Displays wurden auch in tragbaren Konsolen eingesetzt. Auch diese Geräte wurden im SÜLTZ MUSEUM ausgestellt. Demnächst gibt es das Buch LED/LCD TASCHENRECHNER UND SPIELE.

**Folge SÜLTZ BÜCHER auf**

# GOOGLE

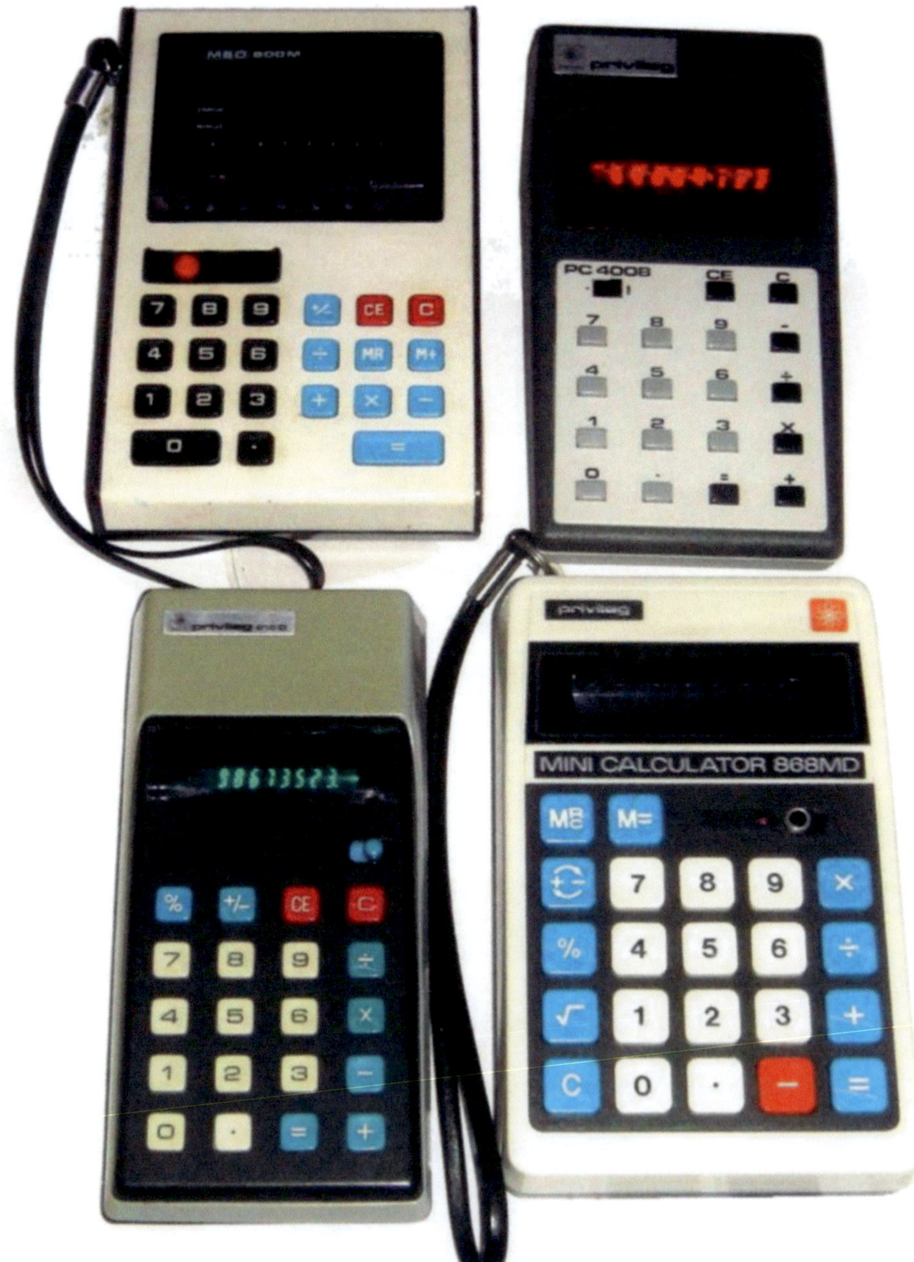

M80 800M
privileg
PC 4008
CE
C
privileg 050
986135234
privileg
MINI CALCULATOR 868MD

# SÜLTZ BÜCHER... bekannt mit den Gesundheits-Tagebüchern!

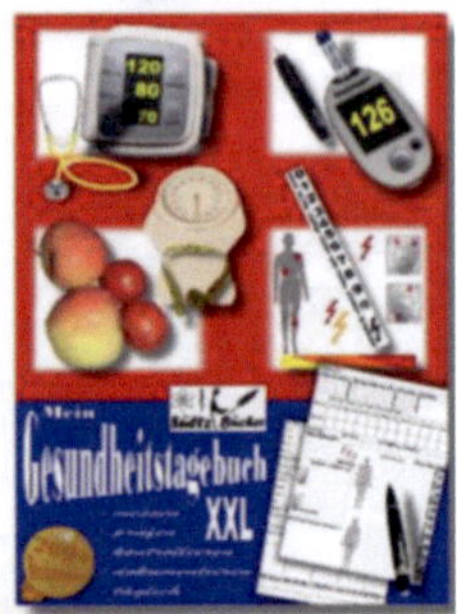

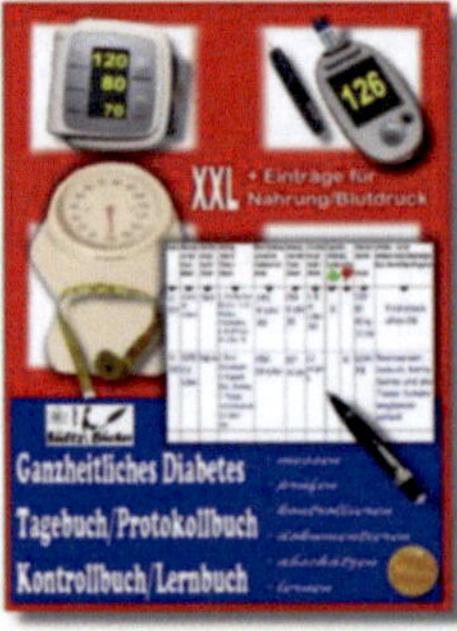

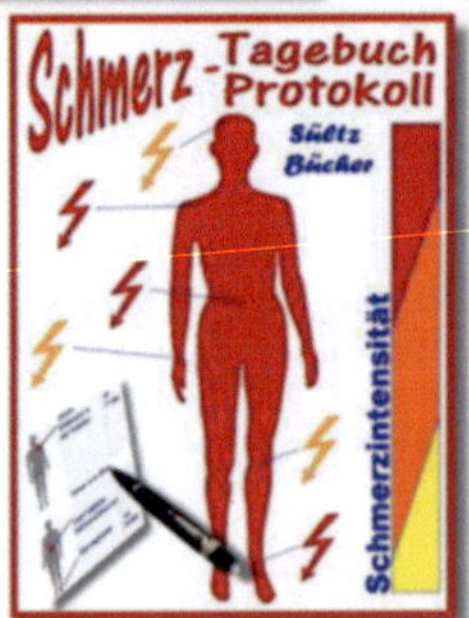